自然界的美丽陷阱

王子安◎主编

汕頭大學出版社

图书在版编目（CIP）数据

自然界的美丽陷阱 / 王子安主编. -- 汕头 : 汕头大学出版社, 2012.5（2024.1重印）
ISBN 978-7-5658-0782-4

Ⅰ. ①自… Ⅱ. ①王… Ⅲ. ①有毒植物－普及读物
Ⅳ. ①Q949.98-49

中国版本图书馆CIP数据核字(2012)第096804号

自然界的美丽陷阱　　ZIRANJIE DE MEILI XIANJING

主　　编：王子安
责任编辑：胡开祥
责任技编：黄东生
封面设计：君阅天下
出版发行：汕头大学出版社
　　　　　广东省汕头市汕头大学内　邮编：515063
电　　话：0754-82904613
印　　刷：唐山楠萍印务有限公司
开　　本：710 mm×1000 mm　1/16
印　　张：12
字　　数：70千字
版　　次：2012年5月第1版
印　　次：2024年1月第2次印刷
定　　价：55.00元
ISBN 978-7-5658-0782-4

前　言

这是一部揭示奥秘、展现多彩世界的知识书籍，是一部面向广大青少年的科普读物。这里有几十亿年的生物奇观，有浩淼无垠的太空探索，有引人遐想的史前文明，有绚烂至极的鲜花王国，有动人心魄的考古发现，有令人难解的海底宝藏，有金戈铁马的兵家猎秘，有绚丽多彩的文化奇观，有源远流长的中医百科，有侏罗纪时代的霸者演变，有神秘莫测的天外来客，有千姿百态的动植物猎手，有关乎人生的健康秘籍等，涉足多个领域，勾勒出了趣味横生的“趣味百科”。当人类漫步在既充满生机活力又诡谲神秘的地球时，面对浩瀚的奇观，无穷的变化，惨烈的动荡，或惊诧，或敬畏，或高歌，或搏击，或求索……无数的探寻、奋斗、征战，带来了无数的胜利和失败。生与死，血与火，悲与欢的洗礼，启迪着人类的成长，壮美着人生的绚丽，更使人类艰难执着地走上了无穷无尽的生存、发展、探索之路。仰头苍天的无垠宇宙之谜，俯首脚下的神奇地球之谜，伴随周围的密集生物之谜，令年轻的人类迷茫、感叹、崇拜、思索，力图走出无为，揭示本原，找出那奥秘的钥匙，打开那万象之谜。

随着人们生活水平的提高，种植花草已经逐渐成为一种提升个人品味与显示优雅的活动。花草品种繁多，而且大都因其具有美观的欣赏价值和沁人心脾的幽香而备受人们的青睐。可是，我们应该注意到，有的花草虽然拥有迷人的外表，但是却会对人体造成一定的危害，有的还会危及人类的生命。

《自然界的美丽陷阱》一书介绍的即是自然界的巨毒植物，共分为四章。分别对含有巨毒的花、草、树等进行了一一阐述，除此之外，文中还介绍了一些常见的致癌植物。内容涵盖广泛，文字通俗易懂，且具有很强的趣味性。

此外，本书为了迎合广大青少年读者的阅读兴趣，还配有相应的图文解说与介绍，再加上简约、独具一格的版式设计，以及多元素色彩的内容编排，使本书的内容更加生动化、更有吸引力，使本来生趣盎然的知识内容变得更加新鲜亮丽，从而提高了读者在阅读时的感官效果。

由于时间仓促，水平有限，错误和疏漏之处在所难免，敬请读者提出宝贵意见。

2012年5月

目录

CONTENTS

第一章　美丽的杀手——花

第二章　葱郁的杀手——草

第三章　常青杀手——树

第四章　常见致癌杀手

第五章　袖珍杀手——菌类

第六章　有毒植物中毒及预防

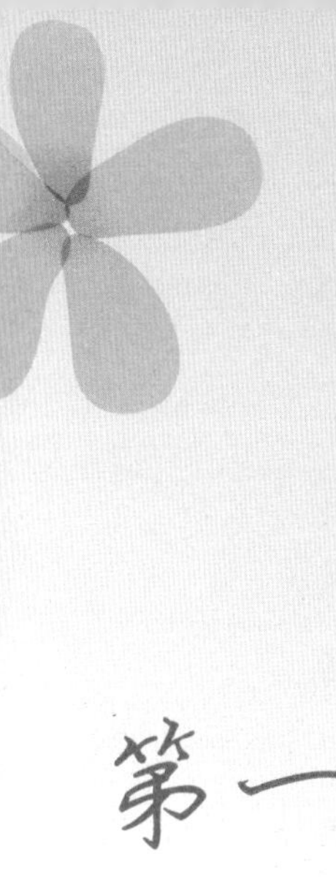

第一章　美丽的杀手——花

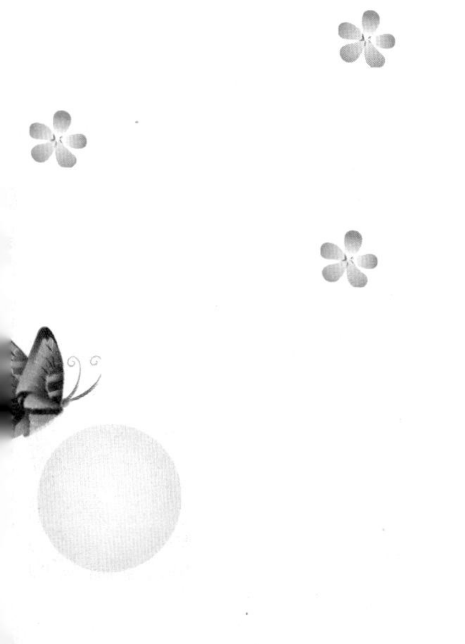

随着人们生活水平的提高，种植花已逐渐成为一种提升品味与显示优雅的活动。花的品种繁多，而且大都因其具有美观的欣赏价值和沁人心脾的幽香而备受养花人的青睐。但是，我们在体验美感和享受幽幽花香的时候，应该注意到，有的花卉虽然拥有迷人的外表，但是却不适合在室内种植，它们会对人体造成一定的危害，有的还会危及人类的生命。因此，我们在选择花卉品种的时候一定要慎重，切不可在室内种植对人体有危害的花卉。

夜来香

夜来香是多种植物的别名，别名是夜香花、夜兰香。藤状灌木。小枝柔弱，有毛，具乳汁。叶对生；叶片宽卵形、心形至矩圆状卵形，长4～9.5厘米，宽3～8厘米，先端短渐尖，基部深心形，全缘，基出掌状脉7～9条，边缘和脉上有毛。伞形状聚伞花序腋生，有花多至30朵；花冠裂片5，矩圆形，黄绿色，有清香气，夜间更甚，故被

称为“夜来香”“夜香花”；副花冠5裂，肉质，短于花药，着生于合蕊冠上，顶端渐尖；花粉块每室1个，椭圆形，直立。蓇葖果披针形，长7.5厘米，外果皮厚，无毛。种子宽卵形，长约8毫米，顶端具白色绢质种毛。

夜来香多生长在林地或灌木丛中。喜温暖、湿润、阳光充足、通风良好、土壤疏松肥沃的环境，耐旱、耐瘠，不耐涝，不耐寒，冬季落叶后停止生长；春暖后发枝长叶，每节有腋芽或花芽，随着生长不断发生侧枝并抽生花序，一般在5～10月陆续开花，冬季结果。

夜间停止光合作用时，夜来香会排出大量的废气，对人的健康极为不利，因而在晚上不应在夜来香花丛前久留。最好别把它放在室内，它会影响人们的正常睡眠。

郁金香

郁金香，多年生草本植物，鳞茎扁圆锥形或扁卵圆形，长约2厘米，具棕褐色皮股，外被淡黄色纤维状皮膜。茎叶光滑具白粉。叶出，3～5片，长椭圆状披针形或卵状披针形，长10～21厘米，宽1～6.5厘米；基生者2～3枚，较宽大，茎生者1～2枚。花茎高6～10厘米，花单生茎顶，大形直立，林状，基部常黑紫色。花葶长35～55厘米；花单生，直立，长5～7.5厘米；花瓣6片，倒卵形，鲜黄色或紫红色，具黄色条纹和斑点：雄蕊6，离生，花药长0.7～1.3厘米，基部着生，花丝基部宽阔；雌蕊长1.7～2.5厘米，花柱3裂至基部，反卷。花型有杯型、碗型、卵型、球型、钟型、漏斗型、百合花型等，有单瓣也有重瓣。花色有白、粉红、洋红、紫、褐、黄、橙等，深浅不一，单色或复色。花期一般为3～5月，有早、中、晚之别。蒴果3室，室背开裂，种子多数，扁平。

郁金香含矢车菊双甙、水杨酸、精氨酸。雌蕊、茎和叶含有抗

菌效果的郁金香甙A、郁金香甙B和少量的郁金香甙C，郁金香甙A和B放置后可部分地转化为无活性的6-郁金香甙A和6-郁金香甙B。

郁金香甙A、B、C对枯草杆菌有抑制作用。郁金香汁通过阳离子及阴离子交换树脂后，对金黄色葡萄球菌有抗菌作用。

曾有报道，郁金香花和叶中含一种有毒生物碱，其生理作用类似西发丁碱。鳞茎及根（郁金香根）亦可供药用。根和花可做镇静剂。

郁金香原生长在我国的青藏高原，在1554年从土耳其引入欧洲，从此马上风行起来，到了17世纪成了荷兰疯狂金融投机商们竞相追逐的目标。有人还编了一个故事：古代有位美丽的少女住在雄伟的城堡里，有三位勇士同时爱上了她。一个送她一顶皇冠；一个送她一把宝剑；一个送她一块金堆。但她对谁都不予钟情，只好向花神祷告。花神深感爱情不能勉强，遂把皇冠变成鲜花，宝剑变成绿叶，黄金变成球根，这样合起来便成了郁金香。在每年的情人节，少男少女们也会送给喜欢的人郁金香以表示自己的爱意。这个故事更加深了荷兰人对郁金香的印象。甚至有宣传媒介还宣扬一句箴言：“谁轻视郁金香，谁就是冒犯了上帝。”

由此，一场“郁金香热”席卷了荷兰全国以至欧洲。不少人认为“没有郁金香的富翁不算是真正的富有”。有的人竟宁愿用一座酒坊或一幢房子去换取几粒珍稀的种头。但是，到了1637年，荷兰的郁金香市场崩溃了，最后由于政府介入才得以阻止投机商人进一步的投机活动。

在疯狂投机时期，金融市场上的郁金香数量超出了实际种植的数量，但这许许多多的“狂人舞曲”却把荷兰奏富起来了。19世纪初，荷兰全国只种130英亩郁金香。可到了20世纪中叶，郁金香的种植量已发展到两万多英亩，占全世界郁金香出口总量的80%以上，行销125个国家，被誉为“世界花后”。这个超级拳头产品的出现，使郁金香当之无愧地成为国花，与风车、奶酪、木鞋一道被定为荷兰“四大国宝”。

另一种说法认为，第二次世界大战期间，有一年的冬季荷兰闹饥荒，很多饥民便以郁金香的球状根茎为食，靠郁金香维持了性命。荷兰人感念郁金香的救命之恩，便以郁金香为国花。另外，郁金香也是土耳其、匈牙利、伊朗的国花。

郁金香的花语为博爱、体贴、高雅、富贵、能干、聪颖。红色郁金香代表热烈的爱意；粉色郁金香代表永远的爱人、热爱、爱惜、幸福；黄色郁金香代表开朗、高雅、珍贵、财富、友谊，象征神圣、幸福与胜利；白色郁金香代表纯洁清高的恋情；黑色郁金香代表独特领袖权力、爱的表白、荣誉的皇冠、神秘，高贵，永恒的祝福；紫色郁金香代表高贵的爱、无尽的爱，忠贞的爱。在欧美的小说、诗歌中，郁金香也被视为胜利和美好的象征，也是优美和雅致的代名词。

唐代大诗人李白曾有名诗《客中行》：兰陵美酒郁金香，玉碗盛来琥珀光。但使主人能醉客，不知何处是他乡。

诗中所言兰陵美酒，由于酿酒技术的发展，应当与今天的酒有所不同，所称“郁金香”应该指它有香料、药物“郁金”的香味。原诗所描写的“郁金香”的酒，后世实已失传。但正是在此诗的启发下，大约在明代出现了一种名为“郁金香”的酒。山东省苍山县兰陵镇和上海市嘉定区南翔镇的“郁金香”酒，都相当出名。

郁金香酒用上白文米经过传统发酵后，配以郁金、当归、杜仲等20多种药材酿成。酒色紫红透明，浓度高，饮之醇香，味甜微酸，稍有药味，在加上糖便适中（25度），酒精度低（20度），自然深受男子汉欢迎。据说，妇女也爱饮用，故有“太太酒”之称。

夹竹桃

夹竹桃属于常绿大灌木，高达5米，含水液，无毛。叶3～4枚轮生，在枝条下部为对生，窄披针形，长11～15厘米，宽2～2.5厘米，下面浅绿色；侧脉扁平，密生而平行。聚伞花序顶生；花萼直立；花冠深红色，芳香，重瓣；副花冠鳞片状，顶端撕裂。蓇葖果矩圆形，长10～23厘米，直径1.5～2厘米；种子顶端具黄褐色种毛。

夹竹桃原产伊朗，现广泛种植于热带及亚热带地区，我国各省区均有栽培。夹竹桃的茎皮纤维为优良混纺原料，又可提制强心剂；根及树皮含有强心甙和酞类结晶物质及少量精油；其茎、叶、花

朵都有毒，它分泌出的乳白色汁液含有一种叫夹竹桃苷的有毒物质。入药煎汤或研末，均宜慎用。其茎叶还可以制杀虫剂，人畜误食可致命。本种对二氧化硫，氯气等有毒气体有较强的抗性。

事实上，夹竹桃还有很多的实用价值，现代医学研究证明，夹竹桃叶含有夹竹桃甙、糖甙等多种物质，花含洋地黄甙、甙元、桃甙等成分。它们具有显著的强心利尿、发汗催吐和镇痛作用，效果与洋地黄相似，属于慢性强心甙类药物。据临床报道：夹竹桃的水煎液，试用于各种原因引起的心力衰竭，并能取得良好效果。夹竹桃苦寒，有毒，可用于治疗心脏病、心力衰

竭、经闭，还可用于跌打损伤、瘀血肿痛等症。

在环保方面，夹竹桃有抗烟雾、抗灰尘、抗毒物和净化空气、保护环境的能力。夹竹桃的叶片，对二氧化硫、二氧化碳、氟化氢、氯气等对人体有毒、有害气体有较强的抵抗作用。据测定，盆栽的夹竹桃，在距污染源40米处，仅受到轻度损害，170米处则基本无害，仍能正常开花，其叶片的含硫量比未污染的高7倍以上。夹竹桃即使全身落满了灰尘，仍能旺盛生长，被人们称为“环保卫士”。

杜鹃花

杜鹃花，中国十大名花之一。在所有观赏花木之中，称得上花、叶兼美，地栽、盆栽皆宜，用途最为广泛的。白居易赞曰："闲折二枝持在手，细看不似人间有，花中此物是西施，鞭蓉芍药皆嫫母"。在世界杜鹃花的自然分布中，种类之多、数量之巨，没有一个能与中国杜鹃花匹敌，中国，乃世界杜鹃花资源的宝库！今江西、安徽、贵州以杜鹃为省花，定为市花的城市多达七八个。

杜鹃花是一个大属，种类多，形态各异。全世界约有900余种，分布于欧洲、亚洲和北美洲，而以亚洲最多，有850种，其中我国有530余种，占全世界59%。新几内亚、马来西亚约有280种，几乎全为附生型。此外，北美分布有24种，欧洲分布有9种，大洋洲分布1种。喜马拉雅山脉的不丹、锡金、尼泊尔、缅甸、印度北部，种类也较多，日本、朝鲜、苏联西伯利亚和高加索仅有少数种类。

杜鹃花属由大乔木（高可达20米以上）至小灌木（高仅10厘米～20厘米），主干直立或呈匍匐状，枝条互生或轮生。中国常栽培的种类有：毛鹃、夏鹃、西洋鹃、东鹃、春鹃、羊踯躅、迎红杜鹃、马银花、云银杜鹃。

杜鹃花的习性由常绿到落叶、由低矮的地表覆盖植物到高大的乔木不等。最早于17世纪中期栽培供庭园观赏者为密毛高山杜鹃，高可达1米。其他由高仅10厘米的席状矮生种到高逾12米的乔木不等，前者如原产中国云南的匍匐杜鹃，后者如树形杜鹃、硬刺杜鹃及原产亚洲的大树杜鹃。除了映山红种类外，叶皆厚、革质、常绿；花通常筒状至漏斗状，颜色变异颇大，有白、黄、粉红、绯红、紫及蓝等色。

美国东南部产的山柳叶杜鹃数量很多，6月花季为大烟山脉国家公园的胜景。山柳叶杜鹃与近缘种杂交，可产生杂种杜鹃。柳叶杜鹃与山柳叶杜鹃的分布区重叠，且更朝东北分布，常栽培供观赏；两者皆可长成6米或更高的小乔木。加拿大杜鹃原产北美东北部，在叶子展开前绽放玫瑰紫色的花朵。

在我国，除新疆外南北各省区均有杜鹃花分布，尤以云南、西藏和四川种类最多，为杜鹃花属的世界分布中心。杜鹃花属种类多，习

性差异大，但多数种产于高海拔地区，喜凉爽、湿润气候，恶酷热干燥。杜鹃花分落叶和常绿两大类。落叶类叶小，常绿类叶片硕大。花的颜色有红、紫、黄、白、粉、蓝等色。喜阴凉、湿润，耐寒，多生长在海拔1000～1400米的山坡、高山草甸、林缘、石壁和沼泽地。要求富含腐殖质、疏松、湿润及pH值在5.5～6.5之间的酸性土壤。部分种及园艺品种的适应性较强，耐干旱、瘠薄，土壤pH值在7～8之间也能生长。但在粘重或通透性差的土壤上，生长不良。杜鹃花对光有一定要求，但不耐曝晒，夏秋应有落叶乔木或荫棚遮挡烈日，并经常以水喷洒地面。杜鹃花抽梢一般在春秋二季，以春梢为主。最适宜的生长温度为15℃～20℃，气温超过30℃或低于5℃则生长停滞。冬季有短暂的休眠期，以后随温度上升，花芽逐渐膨大，一般露地栽培在3～5月开花，高海拔地区则晚至7～8月开花。北方在温室栽培。1～2月即可开花。杜鹃花耐修剪，隐芽受刺激后极易萌发，可藉此控

制树形，复壮树体。一般在5月前进行修剪，所发新梢，当年均能形成花蕾，过晚则影响开花。一般立秋前后萌发的新梢，尚能木质化。若形成新梢太晚，冬季易受冻害。为常绿或落叶灌木。

除作观赏，杜鹃花的叶花还可入药或提取芳香油，有的花可食用，树皮和叶可提制烤胶，木材可做工艺品等。高山杜鹃花根系发达，是很好的水土保持植物。此外，杜娟花性甘微苦、平、清香，在医学上有一定的药用价值，去风湿，调经和血，安神去燥，民间常用此花和猪蹄同煲，可治女性带赤下。长期饮用有美白和祛斑之功效。

但是，值得注意的是黄色杜鹃的植株和花内均含有毒素，误食后会引起中毒；白色杜鹃的花中含有四环二萜类毒素，中毒后引起呕吐、呼吸困难、四肢麻木等。

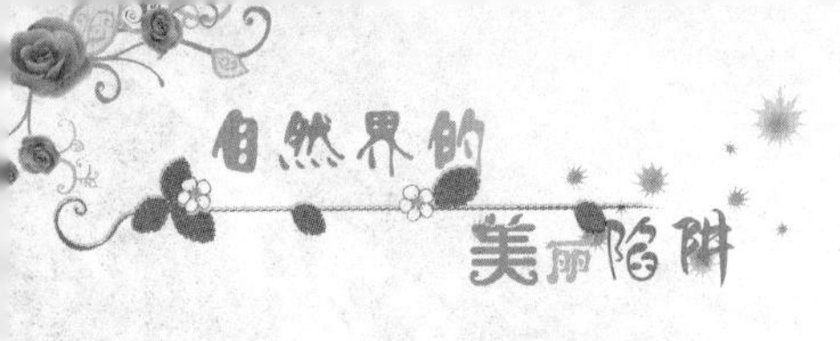

◆花语传说◆

杜鹃花花语

杜鹃花十分美丽。管状的花，有深红、淡红、玫瑰、紫、白等多种色彩。当春季杜鹃花开放时，满山鲜艳，像彩霞绕林，被人们誉为“花中西施”。五彩缤纷的杜鹃花，唤起了人们对生活热烈美好的感情，它也象征着国家的繁荣富强和人民的幸福生活。这就是我国人民热爱杜鹃的真谛。

相传，古代的蜀国是一个和平富庶的国家。那里土地肥沃、物产丰盛、人们丰衣足食、无忧无虑、生活得十分幸福。

可是，无忧无虑的富足生活，使人们慢慢地懒惰起来。他们一天到晚，醉生梦死、嫖赌逍遥、纵情享乐，有时搞得连播种的时间都忘记了。

蜀国的皇帝，名叫杜宇。他是一个非常负责而且勤勉的君王，他很爱他的百姓。看到人们乐而忘忧，他心急如焚。为了不误农时，每到春播时节，他就四处奔走，催促人们赶快播种，把握春光。

可是，如此地年复一年，反而使人们养成了习惯，杜宇不来就不播种了。

终于，杜宇积劳成疾，告别了他的百姓。可是他对百姓还是难以忘怀。他的灵魂化为一只小鸟，每到春天，就四处飞翔，发出声声的啼叫：快快布谷，快快布谷。直叫得嘴里流出鲜血。鲜红的血滴洒落在漫山遍野，化成一朵朵美丽的鲜花。

人们被感动了，他们开始学习国君杜宇，变得勤勉和负责。他们把那小鸟叫作杜鹃鸟，那些被鲜血化成的花被人们叫作杜鹃花。

菊　花

菊花，别名为九花、女华、日精、节华、朱嬴、延寿客、延龄客、阴威、寿客、更生 、金蕊 、周盈、黄蕊、笑靥金、家菊(甘菊的别名）、金精(甘菊的别称）、傅延年、禽华、月朵(白菊花的别称）、官样黄(柑子菊的异名）、江西腊（亦作“江西蜡”），多年生菊科草本植物，是经长期人工选择培育出的名贵观赏花卉，也称艺菊，品种已达千余种。菊花是中国十大名花之一，在中国已有3000多年的栽培历史，中国菊花传入欧洲，约在明末清初开始。中国人极爱菊花，从宋朝起民间就有一年一度的菊花盛会。古神话传说中菊花又被赋予了吉祥、长寿的含义。中国历代诗人画家，以菊花为题材吟

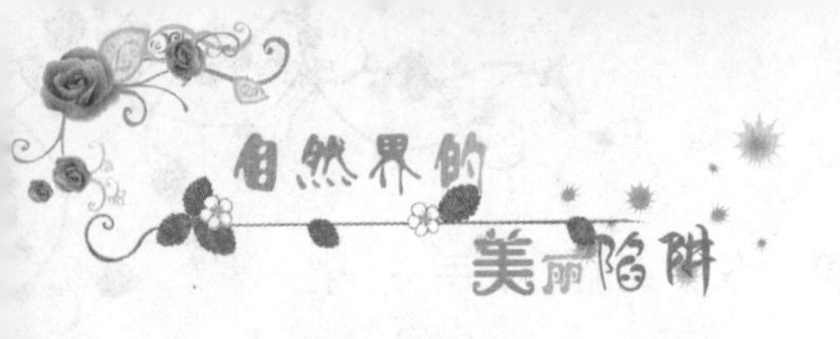

诗作画众多，因而历代歌颂菊花的大量文学艺术作品和艺菊经验，给人们留下了许多名谱佳作，并将流传久远。

菊花株高20～200厘米，通常30～90厘米。茎色嫩绿或褐色，除悬崖菊外多为直立分枝，基部半木质化。单叶互生，卵圆至长圆形，边缘有缺刻及锯齿。头状花序顶生或腋生，一朵或数朵簇生。舌状花为雌花，筒状花为两性花。舌状花分为平、匙、管、畸四类，色彩丰富，有红、黄、白、墨、紫、绿、橙、粉、棕、雪青、淡绿等。筒状花发展成为具各种色彩的“托桂瓣”，花色有红、黄、白、紫、绿、粉红、复色、间色等色系。

菊花花序大小和形状各有不同，有单瓣，有重瓣；有扁形，有球形；有长絮，有短絮，有平絮和卷絮；有空心和实心；有挺直的和下垂的，式样繁多，品种

复杂。根据花期迟早，有早菊花（9月开放），秋菊花（10月至11月），晚菊花（12月至1月）8月菊、7月菊、5月菊等，但经过园艺家们的辛勤培植，改变日照条件，也有五月开花的五月菊，7月开花的七月菊。根据花径大小区分，花径在10厘米以上的称大菊，花径在10～6厘米的为中菊，花径在6厘米以下的为小菊。根据瓣型可分为平瓣、管瓣、匙瓣三类十多个类型。

因菊花开于晚秋和具有浓香的特点，故有“晚艳”“冷香”之雅称。

菊花的头部具有某种毒性，对人类也是如此。但让人感到欣慰的是，虽然碰触到菊花会让人有点疼痛和肿胀感，但医生只会将此做为一般的过敏或炎症处理。菊花与野菊花不同，在药性等各方面有很大区别，野菊花有微毒可引起食欲不振、上吐下泻等。

菊花花语

菊花历来被视为孤傲亮节、高雅傲霜的象征，代表着名士的斯文与友情。因其在深秋不畏秋寒开放，而深受中国古代文人的喜欢。

菊花是我国传统名花，有悠久的栽培历史。菊花不仅供观赏，布置园林，美化环境，而且用途广泛，可食、可酿、可饮、可药，与人民群众的生活密切相联系。菊花有其独特的观赏价值，人们欣赏它那千姿百态的花朵、姹紫嫣红的色彩和清隽高雅的香气，尤其在百花纷纷枯萎的秋冬季节，菊花傲霜怒放，它不畏寒霜欺凌的气节，也正是中华民族不屈不挠精

神的体现。直至今日，菊花仍然为我国十大名花之一，深受广大人民群众的喜爱。

菊花花语：

菊花：清净、高洁、长寿、吉祥、我爱你、真情

菊花（红）：喜恋

菊花（白）：诚实君子

菊花（黄）：失恋

翠菊：追想、可靠的爱情、请相信我

春菊：为爱情占卜

六月菊：别离

冬菊：别离

法国小菊：忍耐

瓜叶菊：快乐

波斯菊：野性美

大波斯菊：少女纯情、坚强

万寿菊：友情

矢车菊：纤细、优雅

麦秆菊：永恒的记忆、刻画在心

鳞托菊：永远的爱

水仙花

水仙，别名为凌波仙子、金盏银台、落神香妃、玉玲珑、金银台、姚女花、女史花、天葱、雅蒜，中国水仙、天蒜、俪兰、女星、雪中花等。石蒜科多年生草本。地下部分的鳞茎肥大似洋葱，卵形至广卵状球形，外被棕褐色皮膜。叶狭长带状，二列状着生。花葶中空，扁筒状，通常每球有花葶数支，多者可达10余支，每葶数支，至10余朵，组成伞房花序。雄蕊呈椭圆形，花粉为黄色。雌蕊近似三角形，乳白色，中部发绿。

因水仙多为水养，且叶姿秀美，花香浓郁，亭亭玉立水中，故有“凌波仙子”的雅号。

水仙，在全世界共有800多种，其中的10多种具有极高的观赏价值。水仙原分布在中欧、地中海沿岸和北非地区，在中国，水仙主要分布于我国东南沿海温暖、湿润地区，福建漳州、厦门及上海崇明岛最为有名。水仙是草本花卉，又名金银台、玉玲珑、雅蒜等，原产于我国浙江福建一带，现已遍及全国和世界各地。水仙花朵秀丽，叶片青翠，花香扑鼻，清秀典雅，已成为世界上有名的冬季室内和花园里陈设的花卉之一。

如果较大量地食用其球茎，会有温和的毒性。有些人会将它和洋葱混为一谈，其实它们并不是一回事。误食水仙花球茎者会出现恶心、呕吐、腹痛和腹泻等症状，如果病情严重或者病人是儿童，医生会采取静脉滴注或口服药物的方法来减轻病人恶心、呕吐等病状。

鸢　尾

鸢尾又名紫蝴蝶、蓝蝴蝶、乌鸢、扁竹花、扇把草。多年生宿根性直立草本，高约30～50厘米。根状茎匍匐多节，粗而节间短，浅黄色。叶为渐尖状剑形，宽2～4厘米，长30～45厘米，质薄，淡绿色，呈二纵列交互排列，基部互相包叠。春至初夏开花，总状花序1-2枝，每枝有花2～3朵；花蝶形，花冠蓝紫色或紫白色，径约10厘米，外3枚较大，圆形下垂；内3枚较小，倒圆形；外列花被有深紫斑点，中央面有一行鸡冠状白色带紫纹突起，花期4～6月，果期6～8月；雄蕊3枚，与外轮花被对生；花柱3歧，扁平如花瓣状，覆盖着雄蕊。花出叶丛，有蓝、紫、黄、白、淡红等色，花型大而美丽。蒴果长椭圆形，有6棱。鸢尾的变种有白花鸢尾，花白色，外花被片基部有浅黄色斑纹。

鸢尾在全世界大约有200多

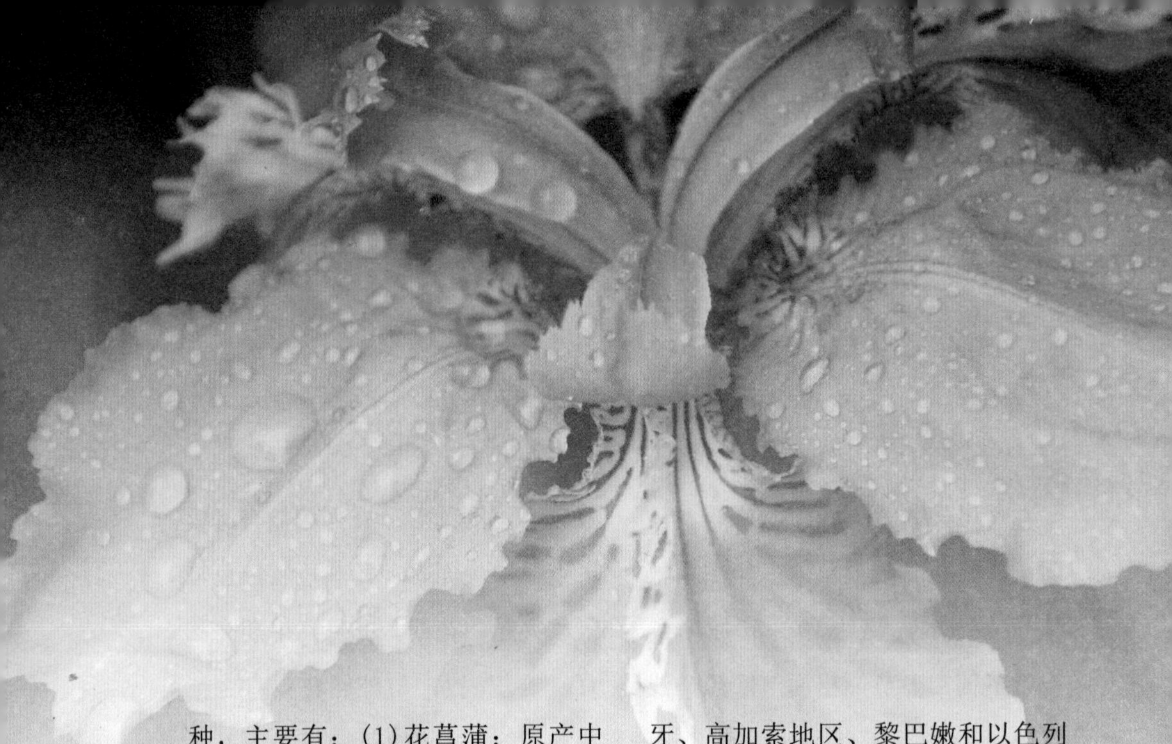

种，主要有：(1)花菖蒲：原产中国东北、日本和朝鲜半岛。(2)髯毛鸢尾：包括德国鸢尾的多个杂交品种。外花被片基部有细密髯毛状附属物。(3)路州鸢尾：主要以铜红鸢尾等为主要亲本杂交而成的品种。(4)道氏鸢尾：原产美国加利福尼亚。(5)球根鸢尾：主要为切花用的西班牙鸢尾及其杂交种荷兰鸢尾。

鸢尾原产于中国中部及日本。现在中国主要分布在中原、西南和华东一带，世界其他一些地区，具体不详。天然鸢尾科植物的分布地点主要是在北非、西班牙、葡萄牙、高加索地区、黎巴嫩和以色列等。

鸢尾叶片碧绿青翠，花形大而奇，宛若翩翩彩蝶，是庭园中的重要花卉之一，也是优美的盆花、切花和花坛用花。其花色丰富，花型奇特，是花坛及庭院绿化的良好材料，也可用作地被植物，有些种类为优良的鲜切花材料。国外有用此花作成香水的习俗。

鸢尾根茎可当吐剂及泻剂，也可治疗眩晕及肿毒，叶子与根有毒，会造成肠胃道郁血及严重腹泻，花苦、平、有毒。

◆花语趣闻◆

鸢尾花语

缤纷多彩的鸢尾代表不同的含意。白色鸢尾代表纯真，黄色鸢尾表示友谊永固、热情开朗，蓝色鸢尾是赞赏对方素雅大方或暗中仰慕，紫色鸢尾则寓意爱意与吉祥。

鸢尾花是优美、爱的使者。具有粗大的根、宽阔如刀的叶、非常强韧的生命力。但是由于它是制造香水的原料，因此相当受尊重，也广泛被使用。所以它的花语是——优美。

在我国，鸢尾花常用以象征爱情和友谊、鹏程万里、前途无量、明察秋毫。

欧洲人钟爱鸢尾花，认为它象征光明和自由。

在古代埃及，鸢尾花是力量与雄辩的象征。

不同颜色的鸢尾有不同的意义：

（1）白色鸢尾代表纯真；

（2）黄色鸢尾表示友谊永固、热情开朗；

（3）蓝色鸢尾是赞赏对方素雅大方或暗中仰慕；也有人认为是代表着宿命中的游离和破碎的激情，精致的美丽，可是易碎且易逝。

（4）紫色鸢尾则寓意爱意、吉祥与“信仰者的幸福”

（5）鸢尾爱丽斯（紫蓝色）：好消息、使者、想念你

（6）德国鸢尾（深宝蓝色）：神圣

（7）小鸢尾（明黄色）：协力抵挡、同心

一品红

一品红，又叫象牙红、老来娇、圣诞花、圣诞红、猩猩木。原产于墨西哥塔斯科地区，在被引入欧洲之前，被当地的阿芝特克人（美洲印第安人一支）用作颜料和药物。1825年，美国驻墨西哥首任大使约尔•波因塞特将其引入美国。我国两广和云南地区有露地栽培，植株可高达2米。

一品红属常绿灌木，高50～300厘米，茎叶含白色乳汁。茎光滑，嫩枝绿色，老枝深褐色。单叶互生，卵状椭圆形，全缘或波状浅裂，有时呈提琴形，顶部叶片较窄，披针形；叶被有毛，叶质较薄，脉纹明显；顶端靠近花序之叶片呈苞片状，开花时株红色，为主要观赏部位。杯状花序聚伞状排

列，顶生；总苞淡绿色，边缘有齿及1～2枚大而黄色的腺体；雄花具柄，无花被；雌花单生，位于总苞中央；自然花期12月至翌年2月。

一品红有白色及粉色栽培品种。喜温暖、湿润及充足的光照。不耐低温，为典型的短日照植物。强光直射及光照不足均不利其生长。忌积水，保持盆土湿润即可。短日照处理可提前开花。对土壤要求不严，但以微酸型的肥沃，湿润、排水良好的砂壤土最好。耐寒性较弱，华东、华北地区温室栽培，必须在霜冻之前移入温室，否则温度低，容易黄叶、落叶等。冬季室温不能低于5℃，以16～18℃为宜。对水分要求严格，土壤过湿，容易引起根部腐烂、落叶等，一品红极易落叶，温度过高，土壤过干过湿或光照太强太弱都会引起落叶。

一品红全株有毒，茎叶里的白色汁液会刺激皮肤，可能会使皮肤红肿，引起过敏反应，如果误食茎叶，会呕吐、腹痛，甚至有中毒死亡的危险。

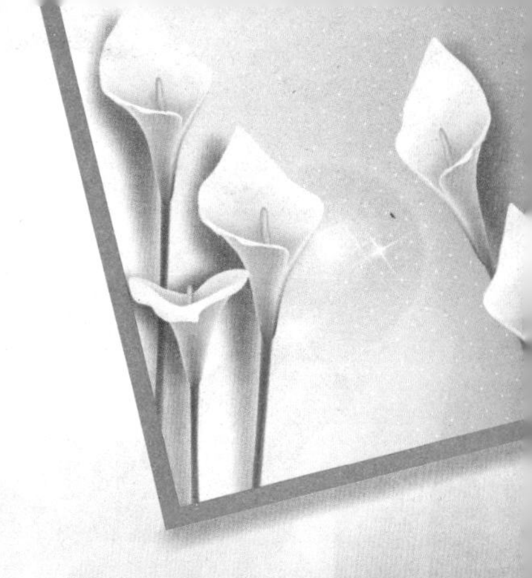

马蹄莲

马蹄莲，为近年新兴花卉之一。作为鲜切花，马蹄莲市场需求较大，前景广阔。由于马蹄莲叶片翠绿，花苞片洁白硕大，宛如马蹄，形状奇特，是国内外重要的切花花卉，用途十分广泛。

马蹄莲，多年生草本。具肥大肉质块茎，株高约1～2.50米。叶茎生，具长柄，叶柄一般为叶长的2倍，上部具棱，下部呈鞘状折叠抱茎；叶卵状箭形，全缘，鲜绿色。花梗着生叶旁，高出叶丛，肉穗花序包藏于佛焰苞内，佛焰包形大、开张呈马蹄形；肉穗花序圆柱形，鲜黄色，花序上部生雄蕊，下部生雌蕊。果实肉质，包在佛焰包内；自然花期从11月直到翌年6月，整个花期达6～7个月，而且正处于用花旺季，在气候条件适合的地方可以收到种子，一般很少有成熟的果实。

马蹄莲原产非洲南部，常生于河流旁或沼泽地中。性喜温暖气候，不耐寒，不耐高温，生长适温为20℃左右，0℃时根茎就会受冻死亡。冬季需要充足的日照，光线不足着花少，稍耐阴。夏季阳光过于强烈灼热时适当进行遮荫。喜潮湿，稍有积水也不太影响生长，但不耐干旱。喜疏松肥沃、腐殖质丰富的粘壤土。其休眠期随地区不同而异。在我国长江流域及北方栽培，冬季宜移入温室，冬春开花，夏季因高温干旱而休眠；而在冬季不冷、夏季不干热的亚热带地区全年不休眠。

马蹄莲全身有毒，误食一点点都会引起呕吐，但煮过后可以喂野猪，煮过的叶子可以治轻微头痛，但药用时必须在医生的指导下使用。

马蹄莲的花语

马蹄莲的花语是永恒，代表着高贵、尊贵、希望、高洁。是纯洁、纯净的友爱，是忠贞不渝、永结同心的象征。红色马蹄莲象征圣洁虔诚、永结同心、吉祥如意。粉红色马蹄莲象征：爱你一生一世。

紫荆花

紫荆花又叫红花羊蹄甲，为苏木科常绿中等乔木，叶片有圆形、宽卵形或肾形，但顶端都裂为两半，似羊的蹄甲，故此得名。花期冬春之间，花大如掌，略带芳香，五片花瓣均匀地轮生排列，红色或粉红色，十分美观。紫荆花终年常绿繁茂，颇耐烟尘，特适于做行道树；树皮含单宁，可用作鞣料和染料；树根、树皮和花朵还可以入药。

常绿小乔木，高达10米。单叶互生，革质，阔心形，长9～13厘米，宽9～14厘米。先端2裂深约为全叶的1/3左右、似羊蹄状。花为总状花序，花大，盛开的花直径几乎与叶相等，花瓣5枚鲜紫红色，间以白色脉状彩纹，中间花瓣较大，其余4瓣两侧对成排列，花极清香。喜光，喜暖热湿润气候，不耐寒。喜酸性肥沃的土壤。成活容易，生长较快。

紫荆花的传说

传说南朝时，田真与弟弟田庆、田广三人分家，别的财产都已分妥，剩下堂前的一株紫荆树不好处理。夜晚，兄弟三人商量将荆树截为三段，每人分一段。第二天，田真去截树时，发现树已经枯死，好像是被火烧过一样，十分震惊，就对两个弟弟说：“这树本是一条根，听说要把它截成三段就枯死了，人却不如树木，反而要分家。”兄弟三人都非常悲伤，决定不再分树，紫荆树立刻复活了。他们大受感动，把已分开的财产又合起来，从此不再提分家的事。

百　合

百合又叫做强瞿、番韭、山丹、倒仙。多年生球根草本花卉，株高40～60厘米，还有高达1米以上的。茎直立，不分枝，草绿色，茎秆基部带红色或紫褐色斑点。地下具鳞茎，鳞茎由阔卵形或披针形，白色或淡黄色，直径由6～8厘米的肉质鳞片抱合成球形，外有膜质层。多数须根生于球基部。单叶，互生，狭线形，无叶柄，直接包生于茎秆上，叶脉平行。有的品种在叶腋间生出紫色或绿色颗粒状珠芽，其珠芽可繁殖成小植株。花着生于茎秆顶端，呈总状花序，簇生或单生，花冠较大，花筒较长，呈漏斗形喇叭状，六裂无萼片，因茎秆纤细，花朵大，开放时常下垂或平伸；花色，因品种不同而色彩多样，多为黄色、白色、粉红、橙红，有的具紫色或黑色斑点，也有一朵花具多种颜色的，极美丽。花瓣有平展的，有向外翻卷的，故有“卷丹”美名。有的花味浓香，故有“麝香百合”之称。花落结长椭圆形蒴果。

百合性喜湿润、光照，要求肥沃、富含腐殖质、土层深厚、排水性极为良好的砂质土壤，多数品种宜在微酸性至中性土壤中生长。

百合的主要应用价值在于观赏，其球根含丰富淀粉质，部分品种可作为蔬菜食用；以食用价值著

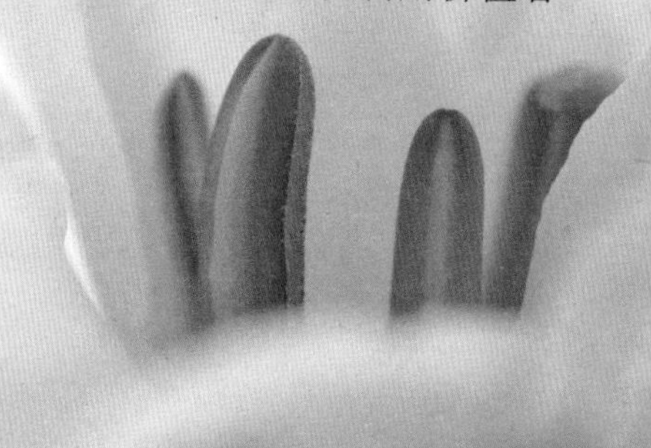

称于世的我国兰州百合，最早记载在甘肃省平凉县志中，迄今已有450多年。

目前兰州七里河等地区广泛栽种食用百合，在国内外享有很高声誉。兰州百合个大、味甜，既可作点心，又可作菜肴；宜兴的卷丹制成百合汤是夏日消暑佳品。百合还可制作成百合干、百合粉，在国际市场上价格很高。到目前为止，百合仍然是中药中的常用药材。

中医认为百合性微寒平，具有清火、润肺、安神的功效，其花、鳞状茎均可入药，是一种药食兼用的花卉。

百合花素有“云裳仙子”之称。由于其外表高雅纯洁，天主教以百合花为玛利亚的象征，而梵蒂冈以百合花象征民族独立、经济繁荣，并把它做为国花。百合的鳞茎由鳞片抱合而成，有“百年好合”“百事合意”之意，中国人自古将百合视为婚礼必不可少的吉祥花卉。

在插花造型中，百合可做焦点花、骨架花，属于特殊型花材。

但是，百合也是有毒花卉，其毒素为秋水仙碱，中毒症状为恶心、呕吐及腹泻，大量使用可致命。

天竺葵

天竺葵，别名洋绣球花、入腊红、石腊红、日烂红、洋葵。

天竺葵原产非洲南部。性喜冬暖夏凉，冬季室内每天保持10℃～15℃，夜间温度8℃以上，即能正常开花。但最适温度为15℃～20℃。天竺葵喜燥恶湿，冬季浇水不宜过多，要见干见湿。土湿则茎质柔嫩，不利花枝的萌生和开放；长期过湿会引起植株徒长，花枝着生部位上移，叶子渐黄而脱落。天竺葵生长期需要充足的阳光，因此冬季必须把它放在向阳处。光照不足，茎叶徒长，花梗细软，花序发育不良；弱光下的花蕾往往花开不畅，提前枯萎。天竺葵不喜大肥，肥料过多会使天竺葵生长过旺不利开花。为使开花繁茂，每1～2星期浇一次稀薄肥水（腐熟豆饼水）每隔7～10天浇800倍磷酸二氢钾溶液可促进正常开花。花后及时剪去残败花茎，即可增加株间光照，诱使萌发新叶，抽出新的花茎。

为促使分枝较多的天竺葵多开花，要对植株进行多次摘心，以促进其增加分枝和孕蕾。花谢后要适时剪去残花，剪掉过密和细弱的枝条，以免过多消耗养分，但冬季天寒，不宜重剪。

天竺葵散发的微粒会使人皮肤过敏发生瘙痒。

虞美人

虞美人，一年生草本植物。株高40～60厘米，分枝细弱，被短硬毛。全株为开展的粗毛，有乳汁。叶片呈羽状深裂或全裂，裂片披针形，边缘有不规则的锯齿。花单生，有长梗，未开放时下垂，花萼2片，椭圆形，外被粗毛。花冠4瓣，近圆形，具暗斑。雄蕊多数，离生。子房倒卵形，花柱极短，柱头常具10或16个辐射状分枝。花径约5～6厘米，花色丰富。蒴果杯形，成熟时顶孔开裂，种子肾形，多数，千粒重0.33克，寿命3～5年。

虞美人耐寒，怕暑热，喜阳光充足的环境，喜排水良好、肥沃的沙壤土。不耐移栽，能自播。花期5～8月。

虞美人有复色、间色、重瓣和复瓣等品种。同属相近种有冰岛罂粟和近东罂粟。冰岛罂粟为多年生草本，丛生。叶基生，羽裂或半裂。花单生于无叶的花葶上，深黄或白色。原产极地。近东罂粟属多年生草本，高60～90厘米，全身被白毛。叶羽状深裂，花猩红色，基部有紫黑色斑。原产伊朗至地中海。

虞美人和罂粟同属一科，从外形上看两者非常相似。罂粟可以提炼毒品海洛因，被严格禁止种植，而虞美人则是常见的观赏花卉，种植广泛。虞美人全株有毒，内含有毒生物碱，种子尤甚。误食后会引起抑制中枢神经中毒，严重可致生命危险。因此经常有人将虞美人误认为是罂粟。

◆趣闻传说◆

虞美人的传说

虞美人是后世对虞姬的称呼。

虞姬，项羽的宠姬，名虞。江苏沭阳县颜集镇人。秦末人士，有美色，善剑舞。公元前209年，项羽助项梁杀会稽太守，于吴中起义。虞姬爱慕项羽的勇猛，嫁与项羽为妾，经常随项羽出征。项梁死，项羽为次将，虞姬与项羽形影不离。

楚汉之战，项羽困于垓下（安徽灵县），兵孤粮尽，夜闻四面楚歌，以为楚地尽失，他在饮酒中，对着虞姬唱起悲壮的《垓下歌》，虞姬为楚霸王起舞，含泪唱："汉兵已略地，四方楚歌声。大王义气尽，贱妾何聊生。"歌罢，拔剑自刎，死后葬于垓下，今安徽灵县东南有虞姬坟。

万年青

万年青，多年生灌木状直立草本。茎干粗壮绿色。叶长椭圆形多集于茎顶，叶形甚大，绿色叶杂有白色或金黄色的不规则斑块，鲜亮迥异于其他植物，观赏价值高。肉穗花序生于茎端叶腋间，很少开花。

万年青幼株小盆栽，可置于案头、窗台观赏。中型盆栽可放在客厅墙角、沙发边作为装饰，令室内充满自然生机。

该植物为天南星科最毒的植物，其毒性为全株有毒，茎毒性最大，其次是叶柄和叶。其汁液与皮肤接触时引起搔痒和皮炎；吞下一小块茎则口喉极端刺痛，并导致声带麻痹，故有“哑棒”之称；还有唇舌表皮的烧伤、水肿、大量流涎，影响吞咽和呼吸。症状可持续几天或一周以上。严重者口舌肿胀可造成窒息。有时还会出现恶心、呕吐和腹泻。动物中毒症状与人相似。口服其汁或提取物出现流涎、

流泪、舌体水肿、脉搏慢，由于声门的肿胀而造成呼吸困难和窒息。偶尔有强直性痉挛，最后死亡。汁液滴人兔眼引起结膜炎和角膜炎；滴入大鼠口腔而中毒时，经舌的组织学观察有水肿、血管充血、底膜变性和炎性反应，可能与组胺的释放有关。该植物的叶在火上烤萎或用汁作成油膏外敷，可排水消肿。新压出的花叶万年青的汁液能导致不育，而对性器官无特殊影响。

万年青根状茎粗短，黄白色，有节，节上生多数细长须根。叶自根状茎丛生，质厚，披针形或带形，长10～25厘米，宽2.5～5.5厘米，边缘略向内褶，基部渐窄呈叶柄状，上面深绿色，下面淡绿色，直出平行脉多条，主脉较粗。春、夏从叶丛中生出花葶，长10～20厘米；话多数，丛生于顶端排列成短穗状花序；花被6片，淡绿白色，卵形至三角形，头尖，基部宽，下部愈合成盘状；雄蕊6，无柄，药长椭圆形；子房球形，花柱短，柱头3裂。浆果球形，桔红色；内含种子一粒。

万年青原产美洲热带地区。喜高温、高湿、半荫或蔽荫环境。不耐寒，忌强光直射，要求疏松、肥沃、排水良好的沙质壤土。

风信子

风信子别名洋水仙、西洋水仙、五色水仙、时样锦，为多年生草本。鳞茎卵形，有膜质外皮。叶4～8枚，狭披针形，肉质，上有凹沟，绿色有光泽。花茎肉质，略高于叶，总状花序顶生，花5～20朵，横向或下倾，漏斗形，花被筒长、基部膨大，裂片长圆形、反卷，花有紫、白、红、黄、粉、蓝等色，还有重瓣、大花、早花和多倍体等品种。

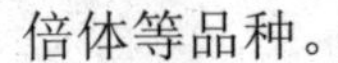

风信子原产于南欧地中海东部沿岸及小亚细亚半岛一带。栽培品种极多，荷兰是风信子的主要生产地，在十八世纪风信子的栽种非常流行，在当时有纪录的品种已经超过2000个以上。1596年英国已将风信子用于庭园栽培。18世纪开始在欧洲已广泛栽培，并已进行育种。至今，荷兰、法国、英国和德国将风信子的生产推向产业化。中国栽培风信子始于19世纪末，主要在沿海的大城市，栽培不普遍。20世纪50年代开始，各地植物园和公园才有少量栽培，用于花坛观赏。直到80年代以后，风信子才在全国各地有较大的发展，广泛用于春季花卉展览和盆栽销售。至今，栽培风信子已开始进入家庭和公共场所的室内点缀和摆放，需求量逐年增加。但目前中国尚未能自行繁种，尚需从国外引进。

风信子喜冬季温暖湿润、夏季凉爽稍干燥、阳光充足或半阴的环境。喜肥，宜肥沃、排水良好的沙壤土，忌过湿或粘重的土壤。风信子鳞茎有夏季休眠习性，秋冬生根，早春萌发新芽，3月开花，6月上旬植株枯萎。风信子在生长过程中，鳞茎在2℃～6℃低温时根系生长最好。芽萌动适温为5℃～10℃，叶片生长适温为5℃～12℃，现蕾开花期以15℃～18℃最有利。鳞茎的贮藏温度为20℃～28℃，最适为25℃，对花芽分化最为理想。可耐受短时霜冻。

风信子的球茎有毒性，如果误食，会引起头晕、胃痉挛、拉肚子等症状，严重时可导致瘫痪并可致命。

风信子花语

风信子的花期过后，若要再开花，需要剪掉之前奄奄一息的花朵。所以风信子也代表着忘记过去的悲伤，开始崭新的爱。

风信子的花色彩丰富，引人入胜。特别一到春节，红、蓝、白、紫、黄、粉红色的风信子竞相开放，芳香阵阵，充满节日欢乐气氛。

白色的风信子：暗恋、恬适、沉静的爱（不敢表露的爱）。

红色的风信子：感谢你，让我感动的爱（你的爱充满我心中）。

蓝色的风信子：恒心、贞操、仿佛见到你一样高兴。

紫色的风信子：悲伤、妒忌、忧郁的爱（得到我的爱，你一定会幸福快乐）。

黄色的风信子：有 你就幸福。

粉色的风信子： 倾慕、浪漫。

风信子的传说

传说英俊潇洒的美少年雅辛托斯和太阳神阿波罗是好朋友，而西风之神杰佛瑞斯也很喜欢海辛瑟斯，而且常为此吃醋，但雅辛托斯却更喜欢阿波罗，且经常和他一起玩乐。有一天，当他们正兴高采烈地在草原上掷铁饼，恰巧被躲在树丛中的杰佛瑞斯发现了，心里很不舒服，想捉弄他们一番。

当阿波罗将铁饼掷向雅辛托斯之际，嫉妒的西风之神偷偷地在旁边用力一吹，竟将那沉甸甸的铁饼打在雅辛托斯的额头上，一时之间血流如柱，这名英俊的少年也因此一命呜呼了。阿波罗惊慌之余，心痛地抱起断了气的朋友“唉！唉！”（Ai！Ai！）地叹着气，只见雅辛托斯的伤口不断地涌出鲜血，落到地面上并流进草丛里。

不久之后，草丛间竟开出串串的紫色花，阿波罗为了表示歉意，乃以美少年之名当作花名，我们则直译为“风信子”。紫色的风信子从此被后人认为是“嫉妒”的代言者；希腊语Ai和Aei（“永远”之意）同义，所以风信子也象征“永远的怀念”，也难怪欧美人常将风信子的花样雕刻在亲人的墓碑上，以示“永久的怀念”。

关于风信子还有一个希腊神话故事，太阳神阿波罗爱上了菲亚辛思，却惹来西风之神苏菲洛的嫉妒，将他们降为此花。从此以后，风信子成为情侣间守节的信物。风信子的花语是“坚定和注视”，或许，这就是对于爱情永恒的注解。

五色梅

五色梅又名马缨丹、红彩花、头晕花、如意花，为马鞭草科直立或半蔓性灌木。高1～2米，有时枝条生长呈藤状。茎枝呈四方形，有短柔毛，通常有短而倒钩状刺。单叶对生，卵形或卵状长圆形，先端渐尖，基部圆形，两面粗糙有毛，揉烂有强烈的气味，头状花序腋生于枝梢上部，每个花序20多朵花，花冠筒细长，顶端多五裂，状似梅花。花冠颜色多变，黄色、橙黄色、粉红色、深红色。花期较长，在南方露地栽植几乎一年四季 有花，北京盆栽7～8月花量最大。果为圆球形浆果，熟时紫黑色。同属150种，国内引进栽培2种，园艺品种多个。蔓五色梅半藤蔓状，花色玫瑰红带青紫色。白五色梅花以白色为主。黄五色梅花以黄色为主。

五色梅花期为5～10月，由多

数小花密集成半球形头状花序；花色多变，初开时为黄色或粉红色，继而变为桔黄或桔红色，最后呈红色。同一花序中有红有黄，所以有五色梅、七变花等称呼。它的花具有吸引蝴蝶的诱因，每当花开时，会有许多蝴蝶翩翩而至。

五色梅为热带植物，喜高温高湿，也耐干热，抗寒力差，保持气温10℃以上，叶片不脱落。 忌冰雪，对土壤适应能力较强，耐旱顶寸水湿，对肥力要求不严。

五色梅原产美洲热带地区，我国引种栽培，华南地区的荒郊野外多有大片野生分布。

五色梅嫩枝柔软，适合制作多种形式盆景。可加工制作成单干式、双干式、临水式、斜干式等不同形式的盆景。五色梅的叶片较大，树冠常采用潇洒的自然型，也可刻意扎成圆片形。由于生长迅速、萌发力强，耐修剪，造型方法应以修剪为主，再辅以蟠扎和牵拉；五色梅的枝条直而无姿，可用金属丝进行弯曲。也可用岭南派“截干蓄枝”的手法进行造型。

五色梅花色美丽，观花期长，绿树繁花，常年艳丽，抗尘、抗污力强，华南地区可植于公园、庭院中做花篱、花丛，也可用于道路两侧、旷野形成绿化覆盖植被。盆栽可置于门前、居室等处观赏，还可组成花坛。

五色梅的花叶有毒，误食会引起腹泻、发烧。

霸王鞭

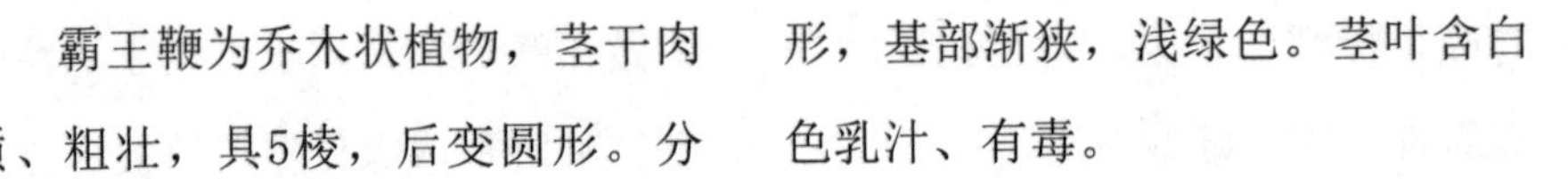

霸王鞭为乔木状植物，茎干肉质、粗壮，具5棱，后变圆形。分枝螺旋状轮生，浅绿色，后变灰，具黑刺。叶片多浆，革质，倒卵形，基部渐狭，浅绿色。茎叶含白色乳汁、有毒。

霸王鞭喜光，喜温暖气候，甚耐干旱。畏寒，温度偏低时常落叶。

霸王鞭易繁殖，可在5～6月间剪取生长充实的茎段扦插。剪口有白色乳汁流出，可涂草木灰并凉晒数日；等剪口稍干后，插于素砂土中。插后放半荫处，不浇水，稍喷雾，保持盆土湿润。在20℃～25℃的条件下，40～50天可生根。

霸王鞭在栽培管理上要求阳光充足，冬季宜置于向阳房间，温度维持10℃～12℃以上，节制浇水，保持盆土稍干燥。开春后随温度升高，可逐渐增加浇水。天暖后可放到阳台或院子里，但仍应节制浇水。霸王鞭通常被人们用来布置厅、堂、室内观赏。

石　蒜

石蒜又名曼珠沙华、蟑螂花、龙爪花、红花石蒜、老鸦蒜、乌蒜、银锁匙、毒蒜、彼岸花，多年生草本植物，地下鳞莫肥厚，广椭圆形，外被紫红色薄膜。叶线形，于花期后自基部抽出，5～6片，叶冬季抽出，夏季枯萎。花事8～9月抽出，高30～60厘米，着花4～12朵，花期9～10月，呈伞形花序顶生；花鲜红色或具白色边缘，亦有白花品种，花被片6，简部很短，长约5～6毫米，裂片已狭倒被针形，向外翻卷。子房下位，花后不结实。与百合科的区别在于，子房下位，伞形花序，外包膜质的总苞。

石蒜原产于中国，分布于长江流域及西南。喜阳，耐半阴，喜湿

茎破土而出，花朵明亮秀丽，雄芯及花柱突出基长，非常美丽。可成片种植于庭院，也可盆栽。

该物种为中国植物图谱数据库收录的有毒植物，其毒性为全株有毒，花毒性较大，其次是鳞茎。食鳞茎后常引起恶心、呕吐、头晕、水泻，泻出物混杂有白色腥臭粘液，舌硬直、心动过缓、手足发冷、烦躁、惊厥、血压下降、虚脱，多死于呼吸麻痹。花食入后常发生语言障碍，严重者死亡。

中毒后应对症治疗。早期可洗胃，用浓茶或1%～2%鞣酸，高锰酸钾亦可；导泻，饮稀醋酸、糖水及淡盐水或静脉滴注葡萄糖盐水。对症治疗：有痉挛用解痉剂；休克嗅氨水，保温，针刺“人中”“合谷”穴位及注射苯甲酸钠咖啡因或尼可刹米。

润，耐干旱，稍耐寒，宜排水良好、富含腐殖质的沙质壤土。

在园林中，石蒜可做林下地被花卉，花境丛植或山石间自然式栽植。因其开花时光叶，所以应与其他较耐明的草本植物搭配为好。除此也可供盆栽、水养、切花等用。鳞茎有毒，入药有催吐祛痰、消肿止痛之效。

在中国，石蒜有较长的栽培历史，《花镜》中有记载。石蒜冬季叶色深绿，覆盖庭院，打破了冬日的枯寂气氛。夏末秋初葶葶花

◆趣闻杂谈◆

曼珠沙华名字由来

曼珠沙华，又名彼岸花，意为死亡之花。一般认为是生长在三途河边的接引之花，花香传说有魔力，能唤起死者生前的记忆，盛开在阴历七月下，大片大片，鲜红如血，它美丽而忧伤的名字来自法华经《摩诃曼陀罗华蔓珠沙华》，为天界四华之一，梵语意为开在天界的红花。

在民间，春分前后三天叫春彼岸，秋分前后三天叫秋彼岸。是上坟的日子。彼岸花开在秋彼岸期间，非常准时，所以才叫彼岸花。而它生长的地方大多在田间小道，河边步道和墓地，所以别名也叫做死人花。一到秋天，彼岸花就绽放出妖异浓艳得近于红黑色的花朵，整片的彼岸花看上去便是触目惊心的赤红，如火、如血、如荼。

在日本日高市巾着田盛开彼岸花，现在的品种推测为2000多年前，自中国运来北九州。由于“秋彼岸”之时开花，因而称之“彼岸花”。后来，彼岸花也常常被用为佛教的“彼岸”之意。因其有毒性的关系，有种在农地旁边，防老鼠之类的小动物。为了小朋友的安全，也常被种植在远离的墓地周边，因此也称为“死人花”。另外，彼岸花还有幽灵花、地狱花、天盖花、剃刀花、舍子花等众多别名。由此可见，其外型与特性给日本人很多想像空间，引申出现了这么多意思。

曼珠沙华这个名字出自梵语“摩诃曼珠沙华”，原意为天上之花，大红花，天降吉兆四华之一。佛典中也说曼珠沙华（曼殊沙华）是天上开的花，白色而柔软，见此花者，恶自去除。佛家语，荼蘼是花季最后盛开的花，开到荼蘼花事了，只剩下开在遗忘前生的彼岸的花。佛经记载有“彼岸花，开一千年，落一千年，花叶永不相见。情不为因果，缘注定生死。”

曼陀罗

曼陀罗，在我国又叫风茄儿、疯茄花、洋金花、野麻子、醉心花、狗核桃、万桃花、闹羊花等。多野生在田间、沟旁、道边、河岸、山坡等地方，原产印度。意译作圆华、白团华、适意华、悦意华等。

曼陀罗原产热带及亚热带，我国各省均有分布。喜温暖、向阳及排水良好的砂质壤土。广布全国各地。主要危害棉花、豆类、薯类、蔬菜等。

曼陀罗高达3米，茎干与枝条脆，容易折断；叶大，长达30厘米，灰绿色，叶面有毛呈天鹅绒状；花大而下垂，有香气，花冠喇叭形，长达20～25厘米，初时白色，后渐转为黄色，花萼筒长5～6厘米，有裂片，花瓣五裂片，有尖，花期全年；果实有刺突。

曼陀罗喜温暖、湿润、阳光充足之地，要求疏松、排水良好而肥沃土壤，多温室栽培，做观花物。一年生草本，在低纬度地区可长成亚灌木。花期6～10月，果期7～11月。种子繁殖。

宋人周去非《岭外代答》：“广西曼佗罗花，遍生原野，大叶百花，结实如茄子，而遍生山刺，乃药人草也。盗贼采干而末之，以置饮食，使人醉闷，则挈箧而趋。”南宋窦材《扁鹊心书》记“睡圣散”一方：“人难忍艾火灸痛，服此即昏不知痛，亦不伤人，山茄花、火麻花共为末，每服三钱，小儿只一钱，一服后即昏睡。”

曼佗罗花全株有毒，以果实以及种子毒性最大，干叶的毒性则比鲜叶小，其叶、花、籽果、茎均可入药，含东莨菪碱、莨菪碱及少许阿托品等生物碱，其中以花的含量最高，约0.34%。儿童服3～8颗后即可中毒，一般在口服后0.5～2

小时即完全被口腔和胃粘膜吸收而出现中毒症状。

曼陀罗中毒一般为误食曼陀罗种子、果实、叶、花所致，其主要成分为山莨菪碱、阿托品及东莨菪碱等。上述成分具有兴奋中枢神经系统，阻断M-胆碱反应系统，对抗和麻痹副交感神经的作用。临床主要表现为口、咽喉发干，吞咽困难，声音嘶哑、脉快、瞳孔散大、谵语幻觉、抽搐等，严重者进一步发生昏迷及呼吸衰竭而死亡。

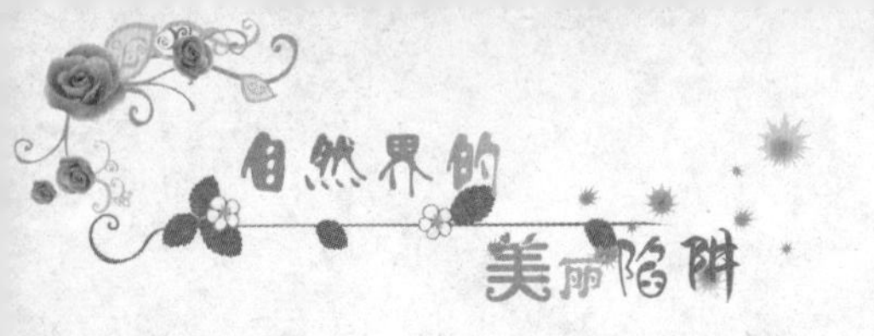

荷包牡丹

荷包牡丹，多年生草本，属于草花，别名兔儿牡丹、铃儿草、鱼儿牡丹。株高30～60厘米，具肉质根状茎。全株有毒，能引起抽搐等神经症状，属罂粟科。

荷包牡丹原产我国北部，日本、俄罗斯西伯利亚也有分布。喜光。可耐半荫。性强健，耐寒而不耐夏季高温，喜湿润，不耐干旱。宜富含有机质的壤土，在沙土及黏土中生长不良。日本荷包牡丹茎高约60厘米，弓形下垂，悬挂著玫瑰红色或白色的心形小花。白色类叶较其他种类大，具深缺刻。东方（或野生、縫毛）荷包牡丹较矮，在北美东部的阿利根尼山区从4～9月长出有粉红色小花的花枝。从加利福尼亚至不列颠哥伦比亚山地森林分布着太平洋（或西方、美丽）荷包牡丹。荷包牡丹可以称得上又一种中国的玫瑰花，如果拿这个送给情人，比送99朵玫瑰更感人。

滴水观音

滴水观音，天南星科、海芋属，又名“滴水莲”、佛手莲，有药用价值。

在温暖潮湿、土壤水分充足的条件下，滴水观音便会从叶尖端或叶边缘向下滴水，而且开的花象观音，因此称为滴水观音。如果空气湿度过小的话，出来的水分马上就会蒸发掉，因此一般水滴都是在早晨较多，被称为“吐水”现象。

（1）滴水观音简介

①生长温度为20℃～30℃，最低可耐8℃低温，夏季高温时只要保持土壤潮湿、经常喷水、遮阴仍能正常生长，冬季室温不可低于5度。滴水观音是热带雨林的林下植物，故其生长需高湿度，散射光才好。

②为耐阴植物，喜欢半阴环境，应放置在既能遮阴又可通风的

环境中，不可在烈日下暴晒以免植株出现大面积的灼伤。

③特别喜湿，生长季节不仅要求盆土潮湿，而且要求空气湿度不低于60％。夏季高温时要加强喷水，为其创造一个相对凉爽湿润的环境，置放于室内空调大厅中的，既要保证盆土湿润，又要不时给叶面喷水。若冬季室温不能达到15℃时应控制浇水，否则易导致植株烂根，一般情况下每周喷1次温水即可保持其叶色浓绿。

④可用腐叶土、泥炭土、河沙加少量沤透的饼肥混合配制的营养土栽培，另也可水培，但要注意防烂根和添加营养液。通常每年春季换盆1次，可每月松土1次保持盆土处于通透良好的状态。

⑤比较喜肥，3至10月应每隔半月追施1次液体肥料，其中氮元素比例可适当增高，如能加入一点硫酸亚铁更好，这样叶片会长的大如荷叶、光洁可人。温度低于15度时应停止施肥。

⑥因为滴水观音是观叶植物，在某种饲养不当的情况下，最

大的叶片会出现发黄、干枯的现象，此时应连同茎部一起用刀削掉，不然会影响其他叶子的生长和观赏性。

（2）滴水观音的养殖条件

滴水观音是非常普遍的家养绿色盆栽，但因为它是热带植物，所以在北方一般不会开花。不过如果家里的温度等条件适宜，也不排除它有开花的可能。

滴水观音对土壤的要求不高，但在排水良好、含有机质的沙质壤土或腐殖质壤土中生长最好。由于滴水观音生性喜爱温暖湿润及半阴的环境，不耐寒，因此在生长季节里，一定要保持盆土湿润。但也耐得一点旱，也别太虐待了。

夏季应该将花盆放在半阴通风处，并经常向周围及叶面喷水，以加大空气湿度，降低叶片温度，保持叶片清洁。

由于滴水观音生长非常快，所以比较喜肥，每月施1～2次氮、磷、钾复合肥（其中氮素比例可适当高一些），如能施一点硫酸亚铁会使叶片更大更绿，长期缺肥容易造成滴水观音茎部下端空秃，影响观赏价值。当气温降低进入休眠期后可减少或不施肥。

如果您想要养在室内的滴水观

音小巧玲珑，那么只需等到它的幼苗生长到一尺许、适合家庭摆放的时候，立即用2%的多效唑溶液喷洒全株，之后再长出的茎叶都高不过40厘米，且叶片肥厚，观赏价值很高。半年左右喷药一次就能起到良好的控高作用。

滴水观音茎内的白色汁液有毒，滴下的水也是有毒的，误碰或误食其汁液，就会引起咽部和口部的不适，胃里有灼痛感。应当特别注意防止幼儿误食。但是滴水观音并不属于致癌植物。

正因为滴水观音有毒，所以皮肤接触它的汁液就会发生瘙痒或强烈刺激，眼睛接触汁液可引起严重的结膜炎，甚至失明。误吃茎叶就会有恶心、疼痛的症状，严重的还会窒息，导致心脏麻痹死亡。故应尽量减少接触滴水观音，有小孩的家庭最好不要种植。

罂粟花

罂粟，属罂粟科植物，是制取鸦片的主要原料，同时其提取物也是多种镇静剂的来源，如吗啡、蒂巴因、可待因、罂粟碱、那可丁。罂粟花绚烂华美，是一种很有价值的观赏植物。

罂粟，一年生或两年生草本，茎直立，高60～150厘米。叶互生，茎下部的叶具短柄，上部叶无柄；叶片长卵形成狭长椭圆形，长6～30厘米，宽3.5～20厘米，先端急尖，基部圆形或近心形而抱茎，边缘具不规则粗齿，或为羽状浅裂，两面均被白粉成灰绿色。花顶生，具长梗，花茎长12～14厘米；萼片2，长椭圆形，早落；花瓣4，有时为重瓣，圆形或广卵形，长与宽均为5～7厘米，白色、粉红色或紫红色；雄蕊多数，花药长圆形，黄色；雌蕊1，子房长方卵圆形，无花柱，柱头7～15枚，放射状排列。蒴果卵状球形或椭圆形，熟时黄褐

色，孔裂。种子多数，略呈肾形，表面网纹明显，棕褐色。花期4～6月。果期6～8月。

罂粟的乳汁(即鸦片)中含多种生物碱、吗啡、可待因与蒂巴因，对中枢神经有兴奋、镇痛、镇咳和催眠作用。罂粟碱、那可汀、那碎因等对平滑肌有明显的解痉作用；罂粟果壳(即罂粟壳)性微寒，味酸涩，有小毒，含低量吗啡等生物碱。另含多糖约2.4%，水解可得乳糖10%、阿拉伯糖6%、木糖6%、鼠李糖4%、乳糖醛酸(Galacturonic acid)60%、4-O-甲基葡萄糖醛酸4%、微量岩藻糖、2-O-甲基岩藻糖、2-O-甲基木糖及葡萄糖醛酸、景天庚糖、D-甘露庚酮糖、D-甘油基-D-甘露辛酮糖、内消旋肌醇、赤藓醇。

罂粟是提取毒品海洛因的主要毒品源植物，长期应用容易成瘾，慢性中毒，严重危害身体，成为民间常说的“鸦片鬼”。严重的还会因呼吸困难而送命。它和大麻、古柯并称为三大毒品植物。所以，我国对罂粟种植严加控制，除药用科研外，一律禁植。

◆趣闻传说◆

罂粟的传说

在古埃及，罂粟被人称之为“神花”。古希腊人为了表示对罂粟的赞美，让执掌农业的司谷女神手拿一枝罂粟花。

古希腊神话中也流传着罂粟的故事，有一个统管死亡的魔鬼之神叫做许普诺斯，其儿子玛非斯手里拿着罂粟果，守护着酣睡的父亲，以免他被惊醒。

罂粟象征了十二宫星座中的天蝎座，天蝎座是黄道十二宫的第八宫，是（生命）的蜕变者。（冥王星）是天蝎座的守认星曜，双双激发出穿越与深化的潜在力量，使得天蝎座拥有自我淬练的终生信仰。天蝎座掌管深秋的花朵，以（冥王星）之名与丛生植物、带着荆棘的、暗红色的、可入药的麻醉性植物或捕食性植物，特别带来冥王星与第八宫的色彩。

在欧洲，罂粟花被看成“缅怀之花”。1914年，第一次世界大战爆发，德军很快占领了比利时，英、法相继出兵对付德国。比利时的佛兰德大地成了西线主战场，伊珀尔市被打成废墟一片。成上百万的无辜士兵（包括下级军官）为了统治阶级和好战分子的利益而倒在这里，其中英军阵亡的最多，他们被掩埋在这片土地下。佛兰德地区本来就是一个罂粟花盛开的地方，从此它们开得益发旺盛。

后来美国人Monia Michael开始佩带罂粟花纪念战死的战士。她还出售罂粟花资助伤残的退伍老兵。后来，法国的E.Guerin夫人也出售手工的罂粟花，为被战火蹂躏的地区的贫苦儿童筹款。她在1921年访问加拿

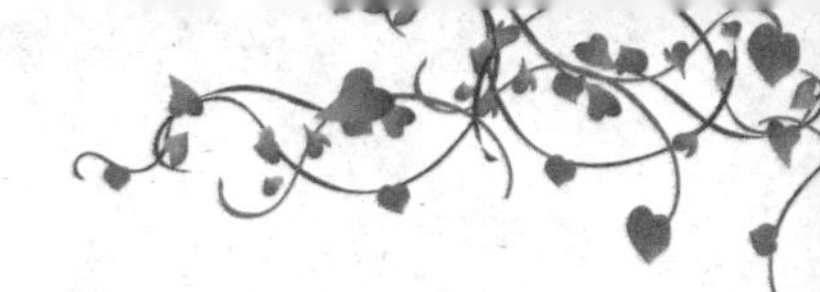

大，说服了加拿大大战退伍军人协会（现在的加拿大皇家退伍军人协会）接受罂粟花为老兵纪念日的标志，用来筹款。所以，在每年的10月的最后一个星期五开始，到11月11日老兵纪念日，有千万枚罂粟花标志被派发给大众，人们将这个标志佩带在衣服的左领上或接近心脏的部位，表示对为国捐躯者的悼念。人们更可以义买罂粟花来帮助那些需要帮助的老兵及其家人。

因此，象征着美丽、绝望、毒品的罂粟花，也就有了一个关乎牺牲、爱、尊重和怀念的主题。

紫藤花

紫藤又名朱藤，或称招藤、招豆藤、藤萝，蝶形花科紫藤属，属落叶攀援灌木。3月现蕾，4月盛花，每轴有蝶形花20至80朵。紫藤各地均有野生或栽培，根、种子入药，性甘，微温，有小毒。树皮含贰类，花含挥发油，叶子含金雀花碱等。

紫藤原产我国，朝鲜、日本亦有分布。中国南至广东，北至内蒙古普遍栽培于庭园，以供观赏。花可炒作菜食，茎叶供药用。花开可半月不凋。常见的品种有多花紫藤、银藤、红玉藤、白玉藤、南京藤等。上海有紫藤镇、紫藤园，苏州亦有古藤。

落叶攀援缠绕性大藤本植物，干皮深灰色，不裂。嫩枝暗黄绿色密被柔毛，冬芽扁卵形，密被柔毛。奇数羽状复叶互生，有小叶7～13枚，卵状椭圆形，先端长渐尖或突尖，叶表无毛或稍有毛，叶背具疏毛或近无毛，小叶柄被疏毛，侧生总状花序，长达30～35厘米，呈下垂状，总花梗、小花梗及花萼密被柔毛，花紫色或深紫色，花瓣基部有爪，近爪处有2个胼胝体，雄蕊10枚，2体。荚果扁圆条形，长达10～20厘米，密被白色绒毛，种子扁球形、黑色。花期4～5月，果熟8～9月。

紫藤花的传说

有一个美丽的女孩想要一段情缘，于是她每天祈求天上的红衣月老能成全。终于红衣月老被女孩的虔诚感动了，在她的梦中对她说：“在春天到来的时候，在后山的小树林里，你会遇到一个白衣男子，那就是你想要的情缘。”

等到春暖花开的日子，痴心的女孩如约独自来到了后山小树林。等待她美丽的情缘——白衣男子的到来。可一直等到天快黑了，那个白衣男子还是没有出现，女孩在紧张失望之时，反而被草丛里的蛇咬伤了脚踝。女孩不能走路了，家也难回了，心里害怕极了。

在女孩感到绝望无助的时刻，白衣男子出现了，女孩惊喜地呼喊着救命，白衣男子上前用嘴帮她吸出了脚踝上被蛇咬过的毒血，女孩从此便深深地爱上了他。可是白衣男子家境贫寒，他们的婚事遭到了女方父母的反对。最终两个相爱的人双双跳崖殉情。在他们殉情的悬崖边上长出了一棵树，那树上居然缠着一棵藤，并开出朵朵花坠，紫中带蓝，灿若云霞。

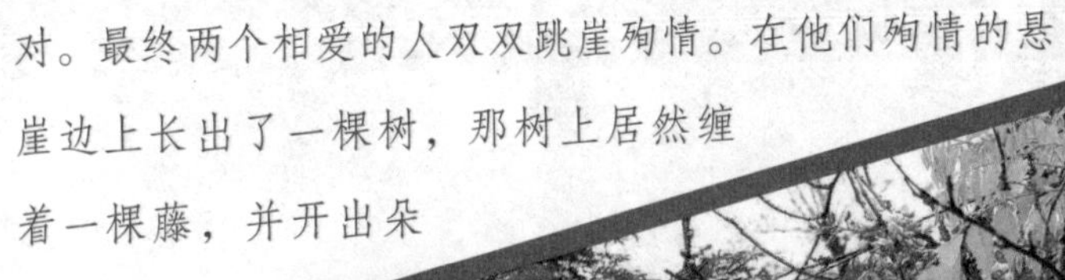

后人称那藤上开出的花为紫藤花，紫藤花需缠树而生，独自不能存活，便有人说紫藤就是女孩的化身，白衣男子就是树的化身，紫藤为情而生，为爱而亡。

藏红花

藏红花又叫番红花或西红花，采自海拔5000米以上的高寒地区，多年生草本，原产地在希腊、小亚细亚、波斯等地，《本草纲目》记载："藏红花即番红花，译名泊夫兰或撒法郎，产于天方国。""天方国"即指波斯等国家。番红花是经印度传入西藏，由西藏再传入我国内地。所以，人们把由西藏运往内地的番红花，误认为西藏所产，称做"藏红花"。

藏红花植株高15～18厘米，花期10月，是驰名中外的"藏药"。其药效奇特，尤其以活血养血而闻名天下。据《本草纲目》记载，藏红花能"活血、主心气忧郁，又治惊悸"。由此可见，藏红花可以疏经活络、通经化淤、散淤开结、消肿止痛、凉血解毒、忧思郁结，长期坚持服用可全面提高人体的免疫力。现代药理研究证明它对改善心肌供血供氧等方面疗效明显，藏红花含有多种甙的成分，多种甙可明显增加大冠状动脉的血流量。

藏红花的花期为11月上旬至中旬，毒素为秋水仙碱，中毒症状为恶心、呕吐及腹泻，大量使用可致命。

半 夏

半夏又名三叶半夏、三步跳、麻芋子、半月莲、地八豆、守田、水玉、羊眼，天南星科多年生草本植物。高15～35厘米，块茎近球形，直径0.5～3.0厘米，基生叶1～4枚，叶出自块茎顶端，叶柄长5～25厘米，叶柄下部有一白色或棕色珠芽，直径3～8厘米，偶见叶片基部亦具一白色或棕色小珠芽，直径2～4毫米。花单性，花序轴下着生雌花，无花被，有雌蕊20～70个，花柱短，雌雄同株；雄花位于花序轴上部，白色，无被，雄蕊密集成圆筒形，与雌花间隔3～7毫米，其间佛焰苞合围处有一直径为1毫米的小孔，连通上下，花序末端尾状，伸出佛焰苞，绿色或表紫色，直立，或呈“S”形弯曲。花

单性同株，花序柄长于叶柄，佛焰苞绿色，下部细管状；雌花生于花序基部，雄花生于上端，花序顶端附属器青紫色，伸于佛焰苞外呈鼠尾状。浆果卵状椭圆形，绿色。花期5～7月，果期8～9月。生于田野、溪边、阴湿山坡、林下。主产四川、湖北、河南、贵州、安徽。

该物种为中国植物图谱数据库收录的有毒植物，其毒性为全株有毒，块茎毒性较大，生食0.1～1.8克即可引起中毒。对口腔、喉头、消化道粘膜均可引起强烈刺激；服少量可使口舌麻木，多量则烧痛肿胀、不能发声、流涎、呕吐、全身麻木、呼吸迟缓而不整、痉挛、呼吸困难，最后麻痹而死。有因服生半夏多量而永久失音者。

黄 蝉

黄蝉，常绿直立或半直立灌木，高约1米，也有高达2米的。具乳汁，叶3～5枚轮生，椭圆形或倒披针状矩圆形，全缘，长5～12厘米，宽达4厘米，被短柔毛，叶脉在下面隆起。聚伞花序顶生，花冠鲜黄色，花冠基部膨大呈漏斗状，中心有红褐色条纹斑。裂片5，长4～6厘米，冠筒基部膨大，喉部被毛；5枚雄蕊生喉部，花药与柱头分离。蒴果球形，直径2～3厘米，具长刺。花期5～8月，果期10～12月。

黄蝉产于热带美洲，原产于巴西。药材主产于福建、广西。喜高温、多湿，阳光充足。适于肥沃、排水良好的土壤。栽培的品种有硬枝黄蝉和软枝黄蝉两种。植株有毒，应注意。

该物种为中国植物图谱数据库收录的有毒植物，其毒性为植株乳汁有毒。人畜中毒，症状表现为心跳加快，循环系统和呼吸系统障碍。妊娠动物食之会流产。

第二章　葱都的杀手
——一草

在自然界中，草是一种没有花儿芳香、不比树木高大的植物。在人们眼中，草仅仅是衬托花儿的一种陪衬品，但是不要小看这种非常不起眼的家伙，在草类家族里还隐藏着许多不为人知的秘密——毒草杀手。

这些具有毒性的小草看上去十分普通，但是有些却含有巨毒，在人类或者动物接触或者食用之后，就会发生过敏、头晕、呕吐、昏厥、窒息、甚至是死亡。

那么这些如此不手下留情的小草到底有哪些呢？

断肠草，顾名思义，从其名字就可以看出其毒性的威力；洋地黄，虽然样貌美丽，称为美丽的吊兰，但却是一个伪装杀手；铃兰，拥有山谷百合之称，却蕴含着无限的杀机；颠茄，虽然是治病良药，但是却很不本分，拥有迫害肝脏的恶习；天仙子，有着神圣一般的名字，但是却是一代巨毒杀手……凡此种种，均成为人类为之警惕的对象。

想真正的了解这些葱郁的杀手究竟有什么样的施毒手段吗？本章将对其一一介绍。

断肠草

看过《神雕侠侣》的朋友一定会记得杨过中了情花之毒后是怎么解毒的，那就是用断肠草以毒攻毒。

在《神农本草经》中记有“钩吻一名野葛”之句。明•李时珍在《本草纲目》第十七卷“毒草类”钩吻条中云：“钩吻，又名：野葛，毒根、胡蔓草、断肠草、黄藤、火把花等。”并言“此草虽名野葛，非葛根之野也。”并指出：野葛生于贵州以南，村圩闾巷间皆有，被人通称钩吻耳，是一种有毒之植物。这里提到的钩吻其实就是断肠草的别名。

断肠草，学名雷公藤，茎高三四米，一年生藤本植物，枝光滑。叶对生，卵形至卵状披针形，顶端渐尖，基部渐狭或近圆形，全缘。聚伞花序顶生或腋生；花淡黄色；花冠漏斗状，内有淡红色斑

点。蒴果卵形。种子有膜质的翅。花期8～11月；果期11月至翌年2月。

断肠草全株有巨毒，根、嫩叶尤毒。本植物在我国历代本草中均

列为毒品，巨毒，并可迅速致死。一般不作药用，但有些地区仍用来治疗风湿痹痛等难症。极少量叶混入蔬菜而误食或药用过量以及服毒自杀等情况往往造成死亡。内服断肠草茎叶10克(2～12叶)或根2～8克或嫩芽10～38个即能引起中毒。偶有用根3克或嫩芽7个煎水内服或咽下而死亡者。还有报道称人食其茎、叶的液汁约30滴，在1小时内发生死亡。据采掘过断肠草根的人介绍：鲜根初闻似乎有芳香之味，继之则有令人昏迷之感，再闻则有非退避片刻不可之惧。云南某一中毒事例中，有4人分别服用茎1～38个后出现睁不开眼，视物模糊，全身无力而沉睡2～3日。断肠草花粉亦有巨毒，人食用含有花粉的蜂蜜亦可发生严重中毒症状，甚至死亡。断肠草对神经系统的作用很强，主要症状有眩晕、言语含糊、肌肉松弛无力、吞咽困难、呼吸肌麻痹、共济失调、昏迷，还可见复视、散瞳、眼睑下垂等，甚至出现沉睡。其次，消化系统症状有口腔、咽喉灼痛，恶心、呕吐、腹痛、腹泻或便秘、腹胀等。循环和呼吸系统症状为面红、早期心跳缓慢，呼呼快而深，继之心搏加快、呼吸慢而浅、不规则，渐至呼吸困难和麻痹，体温及血压下降、四肢冰冷、面色苍白、虚脱，最终呼吸

麻痹而死亡。上述中毒症状出现的快慢程度与服入方法有关，但与服用剂量的关系不明显，根煎水服或食新鲜嫩芽，多数立即出现症状，在1～8小时内死亡。我国民间解毒方法用新鲜羊血趁热灌服疗效甚佳，已得到临床验证。不少农村用以杀灭害虫。猪、羊食其叶不但无毒，而且还有令其毛泽光润、增肥和防瘟之效。《本草纲目》曾谓："断肠草"人误食其叶者致死，而羊食其则大肥。但羊血中是否含对抗或中和断肠草毒的化学物质尚需进一步研究。据说神农氏遍尝百草时，就是品到了断肠草而被毒死。

断肠草一般生长在背阴多湿的山坡、山谷、溪边灌木林中。分布于长江流域以南各地及西南地区。多产于浙江、安徽、江西、湖南、广东、广西、福建、台湾、云南等地。

断肠草有着极高的药用价值：

①免疫调节作用

红斑狼疮是一种自身免疫性疾病，患者存在着多种免疫学方面的异常。经断肠草治疗后，常有显著的疗效。验血发现，随着红斑狼疮病情的好转，血液中原先存在的免疫学异常都能发生不同程度的改善。在实验室进行的体外试验，也证实断肠草的生物碱能够抑制抗体的形成。

②抗肿瘤作用

动物试验和一些临床研究证明，断肠草能抑制过快分裂增殖的肿瘤细胞，因此具有抗癌的作用。

③改善微循环作用

断肠草能使血管扩张，从而增加血流量；能降低血液的粘度、改善血小板的异常聚集和粘附，从而使微循环的“血瘀”现象得以改善。

④其他作用

经观察，断肠草还具有抗炎的作用、杀菌作用以及解热镇痛作用等。此外，近来还发现，断肠草毒苷具有抗艾滋病病毒的作用。

鉴于上述作用，断肠草从治疗类风湿性关节炎开始，逐渐被延伸应用到皮肤可许多疾病的治疗，比如对麻风反应、红斑狼疮、皮肌炎、混合型结蒂组织病、干燥综合症、多形性红斑、各种类型的血管炎、酒糟鼻等都有不同程度的疗效。临床治疗还证实，它对各种类型的银屑病，也具有较好的疗效。但有碍于断肠草所具有的毒副作用，目前通常还只选用与关节病性

和脓疱型银屑病。

除了药用价值外，断肠草还有一定的副作用：

首先，断肠草能对生殖系统起严重影响，尤其是年轻女性，正处于生长发育期，生殖器官尚未发育成熟，断肠草可严重损害女性生殖系统功能，抑制雌激素和孕激素的分泌，引起月经紊乱，甚至闭经。同时断肠草可以使男性精子生成受阻，影响精子发育，导致不育，故未生育的患者应慎用。

其次，断肠草还可对婴儿产生一定影响。在哺乳期的妇女，断肠草能通过乳汁影响婴儿，此阶段应禁止使用。

再次，断肠草还能刺激胃粘膜引起恶心，呕吐，腹痛，腹泻等胃肠道不良反应，可使肝损害，血中ALT升高，抑制骨髓造血，使白细胞，血小板减少，使机体易发生感染，严重时可诱发再生障碍性贫血，还可出现心律失常，心电图改变等。约有40%的患者服用断肠草后会出现皮肤色素改善，皮疹、疱疹、口腔溃疡等皮肤粘膜反应，停药后可逐渐缓解。

洋地黄

洋地黄别名是毛地黄，又名是毒药草、紫花毛地黄、吊钟花。二年生或多年生草本，全体密被短毛。根出叶卵形至卵状披针形，边缘具钝齿，有长柄。第2～3年春于叶簇中央抽出花茎，高达1～1.5米，茎生叶长卵形，边缘有细齿，有短柄或近无柄。总状花序顶生，花冠钟形，下垂，偏向一侧，紫红色，内面带深紫色斑点。蒴果圆锥形，种子细小。花期5～6月，果期6～7月。原产于欧洲中部与南部山区。现中国浙江、上海、江苏与山东等地有大量栽培。

洋地黄具有极高的药用价值。可治疗各种原因引起的慢性心功能不全、阵发性室上性心动过速和心房颤动、心房扑动等。但是，洋地黄也是一种有毒的植物。洋地黄中毒的主要症状表现在以下几个方面：

（1）肠胃方面

在肠胃道引起食欲不振，恶心呕吐（胃内容物为草绿色）、厌

食、流涎、腹痛腹泻，偶见出血性胃炎及胸骨下疼痛。以成年人较多见，尤其是患慢性充血性心力衰竭的老人长期使用洋地黄治疗的更为多见。早期的另一征象是尿少。

（2）心脏方面

心脏方面的症状是各种类型的心律失常并存或先后出现，如心动过速或过缓，心律改变如过早搏动、二联律或三联律、阵发性心动过速、心室颤动，各级房室传导阻滞。心室颤动和心室静止是最严重的心律失常，可直接危及生命。尤其是小儿洋地黄中毒最易出现上述症状。

（3）神经及精神方面

出现头痛、眩晕、失眠、耳鸣、乏力、嗜睡、甚至昏睡，共济失调，关节痛、神经痛、肌痛、牙痛、痉挛等，病人可表现激动不安、精神错乱、失语、幻觉、木僵、记忆力减退、定向力丧失、抑郁性妄想、甚至谵妄，最后发生惊厥、虚脱、昏迷等。

（4）眼部症状

会出现视物模糊、畏光、眼前闪光、有暗点、视力减退、复视、色觉紊乱，常见者为黄视和绿视。

铃　兰

铃兰原种分布遍及亚洲、欧洲及北美，特别是较高纬度，像我国东北林区和陕西秦岭都有野生。多生于深山幽谷及林缘草丛中。铃兰是一种名贵的香料植物，它的花可以提取高级芳香精油。

铃兰为草本植物，花为钟状，白色有香气，全草有毒。铃兰的花为小型钟状花，生于花茎顶端呈总状花序偏向一侧。花朵乳白色悬垂若铃串，莹洁高贵，精雅绝伦。香韵浓郁，盈盈浮动，幽沁肺腑，令人陶醉。

铃兰植株矮小，高20厘米左右，地下有多分枝而平展的根状茎。春天从根茎先端的顶芽长出2～3枚卵形或窄卵形具弧状脉的叶片，基部抱有数枚鞘状叶；具有多分枝的根茎。叶2～3枚，基生，卵圆形，具光泽。花钟状，下垂，总状花序，着花6～10朵，乳白色。

铃兰植株矮小，花茎从鞘状叶内抽出，香气浓郁，是一种优良的盆栽观赏植物，通常用于花坛和小切花，亦可作地被植物。浆果呈暗红色，有毒。

铃兰这种有香味的小花，在法国的婚礼上常常可以看到。送这种花给新娘，是表示祝福新人“幸福的到来”。大概是因为这种形状像小钟似的小花，令人联想到换起幸福的小铃铛吧！另外，也因为铃兰的生长地域不大，又被称为“山谷百合”，给人一股“纯洁清新”的感觉。

这里要强调的是，铃兰制剂的副作用和毒性较洋地黄小，少数患者可产生厌食、流涎、恶心、呕吐等消化道症状。有的患者还会出现

头晕、头痛、心悸等。铃兰毒原甙注射剂因含某种杂质，皮下注射可产生局部疼痛，不幸中毒时可按强心甙中毒的处理原则治疗。它的治疗安全范围大于毒毛旋花子甙。铃兰酊小鼠腹腔注射，半數致死量为1.61±0.1238毫克/克。

◆趣闻传说◆

铃兰的传说

传说，在森林守护神圣雷欧纳德死亡的土地上，开出了白色又具有香味的铃兰。铃兰绽放在那块冰凉的土地上，就是圣雷欧纳德的化身。一束束密生的小花，让人联想到，她是不是有一股抓住幸福的强烈意念呢？

在古老的苏塞克斯的传说中，勇士圣雷纳德决心为民除害，在森林中与邪恶的巨龙拼杀，最后精疲力竭与毒龙同归于尽。而他死后的土地上，长出了开白色小花犹如玉铃的散播芬芳的铃兰。这些独自绽放的铃兰就是圣雷欧纳德的化身，凝聚了他的血液和精魂。根据这个传说，把铃兰花赠给亲朋好友，幸福之神就会降临到收花人。

在乌克兰也有一个关于铃兰的美丽传说，说是很久以前有一位美丽的姑娘，痴心等待远征的爱人，思念的泪水滴落在林间草地，变成那芳馨四溢的铃兰。也有人说那是白雪公主断了的珍珠项链洒落的珠子，还有人说那是7个小矮人的小小灯笼。

还有一个传说是一个叫“琅得什”的少年，为了他的爱人“维丝娜”离他而去而伤心欲绝，少年的泪水变成了白色的花朵，而少年破碎的心流出的鲜血变成了铃兰艳红的浆果。

颠茄

颠茄，多年生草本植物。全草入药。原产欧洲中、南部及小亚细亚，20世纪30年代引进中国。株高1～1.2米。根状茎粗状，茎直立，上部分枝。叶在茎下部互生，上部一大一小成双生，草质，卵形、长椭圆状卵形或椭圆形，长5～22厘米，宽3.5～11厘米，全缘。叶表面呈蝉绿色，背面灰绿色。花冠钟状，淡紫褐色。浆果球形，成熟时黑紫色。种子多数，褐色，小而扁，呈肾形。花期6～8月。果熟期8～10月。

颠茄喜温暖湿润气候，怕寒冷，忌高温，以20℃～25℃的气温生长快，超过30℃生长缓慢。雨水多，易患根病。多在土壤丰富、水分充足的地方生长茂盛，在世界一些地方大量存在，而在美国，仅看到有人工种植的颠茄，野外几乎没有它的踪影。

颠茄的叶子、果实和根部含有含毒性成分颠茄生物碱，包括莨菪碱等。当它成到0.6～1.2米高的时候，毒性最强，这时候它的叶子显深绿色，花为紫色钟型状。浆果为甜味多汁，经常会迷惑儿童食用。

颠茄里面的致命毒素，如果吸入足够的剂量，将严重影响影响到中枢神经系统，这些毒素神不知鬼不觉地麻痹侵入者肌肉里面的神经末梢，比如血管肌，心脏肌和胃肠道肌里面的神经末梢。致命的中毒症状包括瞳孔放大、对光敏感、视力模糊、头痛、思维混乱以及抽搐。两个浆果的摄取量就可以使一个小孩丧命，10～20个浆果会杀死一个成年人。即使砍伐它，都要小心翼翼，以免会引起过敏症状。

天仙子

天仙子，一年或二年生草本，高30～70厘米，全体被有粘性腺毛和柔毛。基生叶大，丛生，成莲座状，茎生叶互生，近花序的叶常交叉互生，呈2列状；叶片长圆形，长720厘米，边缘羽状深裂或浅裂。花单生于叶腋，常于茎端密集；花萼管状钟形；花冠漏斗状，黄绿色，具紫色脉纹；子房2室。蒴果卵球形，直径1.2厘米，盖裂，藏于宿萼内。花期6～7月，果期8～9月。

天仙子呈类扁肾形或扁卵形，直径约1毫米。表面棕黄色或灰黄色，有细密的网纹，略尖的一端有点头种脐。部面灰白色，油质，有胚乳，胚弯曲。无臭，味微辛。苦、辛，温；有大毒。归心、胃、肝经。主治解痉止痛，安神定痛。用于胃痉挛疼痛，喘咳，癫狂。

天仙子种子可入药，具有解痉、止痛、安神、杀虫的作用。藏医用来治疗鼻疳、梅毒、头神经麻痹、虫牙等。内服慎重。经药理实验提示，天仙子可抑制腺体分泌，对活动过强或痉挛状态的平滑肌有驰缓作用，并有扩大瞳孔、解除迷走神经对心脏的抑制而使心率加速的作用，曾用它制作654注射液，利用天仙子的药用成份，为患者服务。

乌 头

乌头，毛莨科植物，多年生草本。株高60～120厘米，叶互生，革质，卵圆形，三裂，两则裂片再2裂，中央裂片再3裂，边沿有缺刻。5萼圆锥花序，花瓣2，果实为长圆形，花期6～7月、果7～8月。辽、豫、鲁、甘、陕、浙、赣、徽、湘、鄂、川、滇、贵、都有分布。乌头这个名称一般指的是川乌头，还有草乌头，一般指的是野生种乌头和其他多种同属植物，比如北乌头（蓝乌拉花）、太白乌头（金牛七）等，是中药学上的名称。中毒表现为：呕吐、腹泻、昏迷、肢体发麻、呼吸困难、脉搏血压体温下降、心率紊乱。

乌头，母根叫乌头，为镇痉剂，治风庫，风湿神经痛。侧根（子根）入药，叫附子。有回阳、逐冷、祛风湿的作用。治大汗之阳、四肢厥逆、霍乱转筋、肾阳衰弱的腰膝冷痛、形寒爱冷、精神不振以及风寒湿痛、脚气等症。主产四川、陕西。目前云南、贵州、河北、湖南、湖北、江西、甘肃等省有栽培。

乌头含有多种生物碱，次乌头

碱、新乌头碱、乌头碱、川乌碱甲、川乌碱乙（卡米查林）、塔拉胺等。

乌头有大毒，内服应制用，禁生用。如赤丸方用炮乌头，乌头煎方强调应“熬，去皮”用。炮、熬即焙烤烘干之意。

乌头是古时候的标准军用毒药，可涂抹兵器，配置火药。东汉末年，关羽中毒箭，华佗为关羽刮骨疗毒，其毒即为乌头毒。乌头属在全世界有约300种，我国就有160多种，遍布全国各地，而以西南地区种类最多。乌头的花很美丽，欧洲的园丁已经培养出了许多观花的品种。乌头的有毒成分是二萜类生物碱，其中毒性最大的是乌头碱，只要几毫克就可以让人丧命，而且，它和河豚毒素一样，都是神经毒素，吃下去之后会导致全身神经活动（以及肌肉活动）的紊乱，不痛的地方感到痛，痛的地方感到不痛，肌肉也不听使唤了，心脏也乱跳了，又流口水又拉肚子，最后的死因，不是呼吸中枢麻痹，就是严重心律失常。

现代医学表明，乌头碱的药用价值很有限（主要用处就是做镇痛剂，让“痛的地方感到不痛”），副作用却太大，而且分子结构太复杂，至今无法全合成，也就没什么商业价值。这样一来，乌头的所谓“滋补”的功能，不过是人们的想像罢了；如果要减轻风湿病痛，大可以服用更有效、更安全的药物。

毒 芹

毒芹又名野芹菜、白头翁、毒人参，芹叶钩吻，斑毒芹。分布于东北、华北、西北以及四川等地，朝鲜、日本、苏联西伯利亚地区也有。

毒芹为多年生草本植物，形态似芹菜。常因误食中毒。高50～120厘米；根茎粗短，笋形或球形，节间相接，内部有横隔，不定根多数，肉质。黄色；茎粗，中空。叶为2～3或4回羽状复叶，羽片边缘有锯齿；基生叶及茎下部的叶有长柄，基部扩展成鞘状。复伞形花序，花白色。双悬果卵球形，有黄色粗棱。花期7～8月，果期8～9月。

毒芹生长在潮湿地方。叶象芹菜叶，夏天开折花，全裸有恶臭。全棵有毒，花的毒性最大，吃后恶心、呕吐、手

脚发冷、四肢麻痹，严重的可造成死亡。主要有毒成分为毒芹碱、甲基毒芹碱和毒芹毒素。毒芹碱的作用类似箭毒，能麻痹运动神经，抑制延髓中枢。人中毒量为30～60毫克，致死量为120～150毫克；加热与干燥可降低毒芹毒性。毒芹毒素主要兴奋中枢神经系统。

误服毒芹30～60分钟后，会出现口咽部烧灼感，流涎、恶心、呕吐、腹痛、腹泻、四肢无力、站立不稳、吞咽及说话困难、瞳孔散大、呼吸困难等。严重者可因呼吸麻痹死亡。呕吐物有特殊臭味。所以平时不要采摘、食用不明成分的野生植物。在毒芹分布地区，人们要学会鉴别食用芹菜和毒芹。毒芹的活性成分是一种被叫做毒芹碱的生物碱，据说这个化合物是使古希腊哲学家苏格拉底致死的原因。

灰　菜

灰菜别名粉仔菜、灰条莱、灰翟、白藜，黎科藜属一年生草本植物，高60～120厘米。茎直，粗壮，多分枝。叶互生，叶片菱状卵形或披针形，长3～6厘米，宽2.5～5厘米，边缘有不整齐的锯齿。秋季开黄绿色小花，花两性，数个集成团伞花簇、多数花簇排成腋生或顶生的圆锥花序。胞果、全包于花被内或顶端稍露，果皮薄和种子紧贴。种子双凸镜形，光亮。

灰莱生于田间路边、旷野宅旁等处。全国各地均有分布。并且广布于世界各国。

灰莱全草可入药，有小毒。能清热利湿，止痒透疹。幼苗饲牲畜，亦可做野菜食用。种子可榨油。

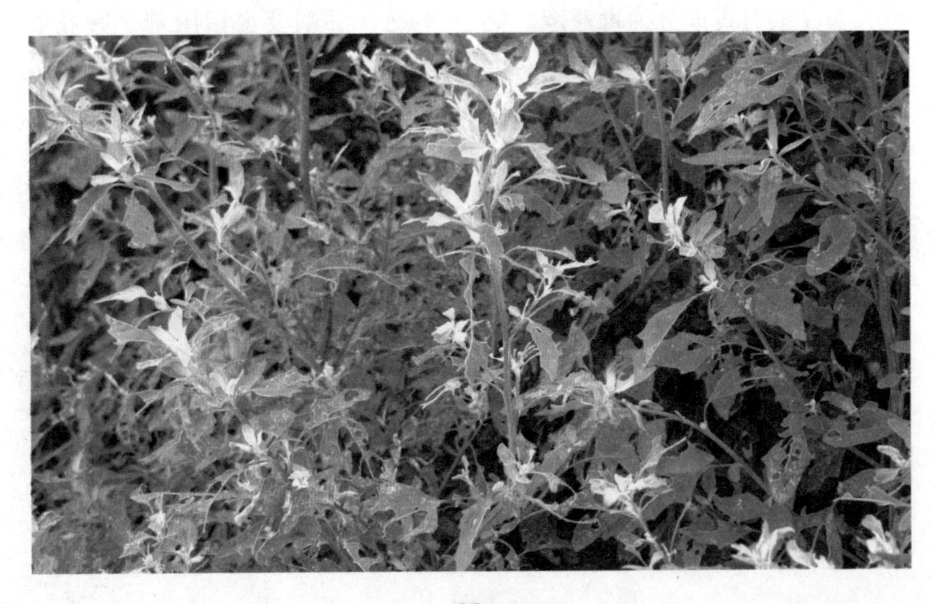

蓖　麻

蓖麻，大戟科植物的一种，一年或多年生草本植物。全株光滑，上被蜡粉，通常呈绿色、青灰色或紫红色；茎圆形中空，有分枝；叶互生较大，掌状分裂；圆锥花序，单性花无花瓣，雌花着生在花序的上部，淡红色花柱，雄花在花序的下部，淡黄色；蒴果有刺或无刺；椭圆形种子，种皮硬，有光泽并有黑、白、棕色斑纹。喜高温，不耐霜，酸碱适应性强。种子叫蓖麻子，榨的油叫蓖麻油，医药上做泻药，工业上做润滑油。

蓖麻原产非洲东部，经亚洲传入美洲，再至欧洲。中国蓖麻引自印度，自海南至黑龙江北纬49°以南均有分布。华北、东北最多，西北和华东次之，其他为零星种植。热带地区有半野生的多年生蓖麻。

蓖麻栽培种有油用和油药兼用两种类型。根系发达，入土深。茎柔韧，中空，节节分枝，分枝多少因品种、密度而不同。多年生蓖麻植株高达5米以上。茎、叶绿色或紫红色。植株被有白色蜡粉，光滑无毛。叶掌形，有的呈鸡爪形。花单性，总状圆锥花序，穗轴上部着生雌花，花柱红色，下部为雄花。偶有两性花混合排列或只有单生雌性花的植株。蒴果有刺或无刺，3室，每室1粒种子。皮壳光滑硬脆，有浅花纹，红至黑褐色。生长最适温度为20℃～28℃。

蓖麻全株有毒，含有蓖麻碱和蓖麻毒素，可灼伤口喉，引起抽搐并可致死。

◆爱心提示◆

蓖麻中毒简介与预防

蓖麻毒素中毒的主要症状取决于接触方式与中毒量。

吸入蓖麻毒素中毒的最初症状可能在接触后8小时内才会出现。如果是吞咽蓖麻毒素中毒，最初症状一般在不到6小时内出现。

（1）吸入

在吸入大量蓖麻毒素后的几小时内，可能的症状是呼吸窘迫（呼吸困难）、发烧、咳嗽、恶心和胸闷。接着是大量出汗，且肺中积聚液体（肺水肿）。这会使呼吸更加困难，且皮肤发紫。过多的肺中积聚液体要透过X 光或用听诊器听胸部才能诊断。最后，将可能出现低血压与呼吸衰竭，从而导致死亡。知道接触了蓖麻毒素时，若吸入蓖麻毒素后12小时内开始出现呼吸症状，应寻求医疗护理。

（2）吞咽

如果吞咽大量蓖麻毒素，将会出现带血性呕吐与腹泻。结果会严重脱水，然后便是低血压。其他征象或症状可能包括出现幻觉、癫痫和尿中带血。在几天内，肝脏、脾与肾可能会停止工作，导致死亡。

（3）皮肤与眼接触

粉末状或薄雾状的蓖麻毒素可导致皮肤与眼睛变红和疼痛。 根据接触方式（吸入、吞咽或注射）与所吸收毒素量的不同，在接触后36到72小时内会发生蓖麻毒素中毒死亡。如果在3至5天内没有死亡，受害者通常会康复。

如何治疗蓖麻毒素中毒?

因为没有治疗蓖麻毒素的解毒剂，所以首先最好不要接触蓖麻毒素。如果无法避免接触蓖麻毒素，最重要的是尽快将蓖麻毒素从人体中清除。治疗蓖麻毒素中毒时，对受害者进行医疗护理，以将蓖麻毒素中毒所带来的影响降到最低程度。进行医疗护理的类型将取决于几个因素，如受害者中毒的方式（即吸入中毒、吞咽中毒、或是皮肤或眼接触中毒）。护理包括许多方法，例如，帮助受害者呼吸、向静脉中注入液体（液体透过插入静脉的针注入）、用药物治疗癫痫与低血压等情况、用活性炭洗胃（如果刚吞咽蓖麻毒素不久）或用水洗眼（如果眼受到刺激）。

如何知道是否已接触到蓖麻毒素?

如果怀疑有人吸入蓖麻毒素，潜在的迹象是很多亲密接触的人突然出现发烧、咳嗽与肺中积聚过多液体的症状。出现这些症状后，随之是严重的呼吸困难与可能的死亡。目前尚没有可广泛应用的可靠测试方法来确定是否已接触到蓖麻毒素。

苍　耳

苍耳一年生杂草，广布欧洲大部和北美部分地区。有些权　威认为该属有15种，有的认为仅2～4种。苍耳雄花花序圆而短，在雌花花序之上，雌花包在一绿、黄或褐色卵圆形的总苞内，总苞外有许多钩状刺和两个大的角状刺。成熟的刺果黏在动物的毛上，藉以散布他处。瘤突苍耳对牲畜有毒，从前曾用作草药。

苍耳高可达1米，叶卵状三角形，长6～10厘米，宽5～10厘米，顶端尖，基部浅心形至阔楔形，边缘有不规则的锯齿或常成不明显的3浅裂，两面有贴生糙伏毛；叶柄长3.5～10厘米，密被细毛。壶体状无柄，长椭圆形或卵形，长10～18毫米，宽6～12毫米，表面具钩刺和密生细毛，钩刺长1.5～2毫米，顶端喙长1.5～2适米。花期8～9月。

苍耳原产于美洲和东亚，广泛分布欧洲大部和北美部分地区；生于山坡、草地、路旁。我国各地广布。

苍耳主要有以下用途：

（1）茎皮制成的纤维可以作麻袋、麻绳。

（2）苍耳子油是一种高级香料的原料，并可作油漆、油墨及肥皂硬化油等，还可代替桐油。

（3）入药治麻风，种子利尿、发汗。

（4）茎叶捣烂后涂敷，治疥癣，虫咬伤等。苍耳子悬浮液可防治蚜虫，如加入樟脑，杀虫率更高，苍耳子石灰合液可杀蚜虫。苍耳子可做猪的精饲料。

苍耳果实含苍耳甙、脂肪油、树脂、生物碱、维生素C、苍耳甙（即B-谷甾醇葡萄糖甙）、黄质宁、苍耳明、以及咖啡酸、咖啡酰奎宁酸。此外，尚含查耳酮衍生物、水溶性甙、葡萄糖、果糖、氨基酸、酒石酸、琥珀酸、延胡索酸、苹果酸、硝酸钾、硫酸钙等。

苍耳全株有毒，幼芽和果实的毒性最大，茎叶中都含有对神经及肌肉有毒的物质。其中毒机理尚未完全清楚。种仁和子叶含毒蛋白、毒甙等可能是主要的有毒成分，可损害心、肝、肾及引起出血。中毒原因主要是误食苍耳果实或幼苗（误为豆芽）。

苍耳中毒的潜伏期因食入物不同而异，一般为2～3天，快者4小时即发病。例如，直接吃生苍耳子者食后4～8小时发病，食苍耳子饼者10～24小时发病，食幼苗者，1～5天发病。

误食苍耳中毒后，可采用以下方法救护：

（1）无胃肠道出血时，可催吐，用1∶5000高锰酸钾液洗胃，内服硫酸镁导泻，若服大量超过4小时者，应及早用1%～2%食盐水作高位灌肠。

（2）静脉滴注5%葡萄糖生理盐水，并大量饮糖水。如有心力衰竭、肺水肿及尿闭者应限制输液量。

（3）有出血时给以补血维生素K等止血剂，必要时输血。

（4）肝脏提醒明显损害时，可给激素及补血维生素B_1、B_{12}、C等保肝药物养生。在治疗检测期间暂禁脂肪隆胸类食物疱疹，其他对症治疗检测。

（5）甘草30克、绿豆120克，煎汤内服。

（6）板蓝根120克，水煎分2次早晚服。

（7）芦根60克，绿豆30克，金银花15克，葛花9克，甘草9克，水煎2次，合并一起，每日早晚分服，连服3～6剂。

（8）有肠胃偏瘫道出血常识症状时，用甘草30克，远志9克，沙参15克，血余炭9克，三七粉1.5克（冲服），水煎2次，合并一起，每4小时1次，2次服完，连服2～6剂。

回回蒜

回回蒜也叫水胡椒、蝎虎草（《救荒本草》），回回蒜毛茛（《东北植物检索表》），黄花草、土细辛、鹅巴掌（《中国药植图鉴》），水杨梅、小桑子、糯虎掌（《昆明民间常用草药》），为毛茛科植物茴茴蒜的全草，多年生草本。茎高15～50厘米，与叶柄均有伸展的淡黄色糙毛。

出复叶，基生叶与下部叶具长柄；叶片宽卵形，长2.6～7.5厘米，中央小叶具长柄，深裂，裂片狭长，上部生少数不规则锯齿，侧生小叶具短柄，不等地2或3裂；茎上部叶渐变小。

花序具疏花；萼片5，淡绿色，船形，长约4毫米，外面疏被柔毛；花瓣5，黄色，宽倒卵形，长约3.2毫米，基部具蜜槽；雄蕊和心皮均多数。

聚合果近矩圆形，长约1厘米；瘦果扁，无毛。

回回蒜生于溪边或湿草地。主要分布在云南、西藏、广西、贵州、四川、湖北、甘肃、陕西、江苏、华北和东北地区。

回回蒜为昆明民间常用草药。性微温，味苦辣，有小毒。也有一定药用价值：可消炎退肿、截疟、杀虫、治肝炎、肝硬化腹水、疟疾、疮癞、牛皮癣。

含羞草

含羞草，多年生草本，常作1年生栽培。茎蔓生，株高30～60厘米。羽状叶片2～4枚成手掌状排列，小叶矩圆形，触之即闭合下垂。头状花序淡红色，花期7～10月。荚果扁形。

含羞草原产于南美热带地区，喜温暖湿润，对土壤要求不严，喜光，但又能耐半阴，故可作室内盆花赏玩。含羞草小叶细小，羽状排列，用手触小叶，小叶接受刺激后，即会合拢，如震动力大，可使刺激传至全叶，则总叶柄也会下垂，甚至也可传递到相邻叶片使其叶柄下垂，仿佛姑娘怕羞而低垂粉面，故名含羞草。

有一种鸡尾酒叫含羞草，这是一种以香槟为基酒的鸡尾酒，被喻为世界上最美味、最豪华的柳橙汁。上流社会的人们原本称它为兰休香槟，但因为它的色泽和鲜黄色的含羞草非常相似，所以取名为含羞草。葡萄酒瓶的底部都呈山形状，这不是为了使容量看起来更多，而是有它的缘故在葡萄酒储存的时间越长，酒气越香，可是在储存的过程中会产生酒石和丹宁酸。当酒瓶站立时，这些沉淀物会沉淀到底部，如果瓶底平坦，沉淀物容易随酒一起注入杯中，要是酒瓶呈山形状，沉淀物会沉淀在凹陷处，就不会发生这种问题了。

◆趣闻传说◆

含羞草的传说

从前有一个很俊俏的小伙子，经常外出钓鱼。一天，他看见一位老汉坐在河边，嘴里自言自语："钓!钓!钓!小鱼莫来大鱼到。"说着大鱼真向老汉游来。小伙子对老汉说："我向你学习钓鱼，好吗？"老汉说："钓鱼没有什么好学的，看你好像很诚实，我告诉你一个秘密，你只要一直沿着这条河岸向前走，会遇到好事的。"老汉说完，人便不见了。

小伙子很高兴，心想自己一定是遇到仙人了，就沿岸一直走去。天黑了，仍然往前走，前面出现一片长满荷花的大湾。水边一户人家门开着，点着灯，一位少女坐着织绸。小伙子走前问道："请问这是什么地方，我走迷了路。”织绸女说：“这是荷花庄，我是荷花女，你走累了，可以进来坐下歇歇。”小伙子坐了一会儿，要走了，荷花女没有留他，送他出了门口。小伙子回到家，心想这荷花女定是仙女。钓鱼老汉说，向前走会遇到好事，可能是这仙女要下凡，要和她结婚。第二天大早，小伙子又沿河岸走，天黑到了荷花庄，荷花女仍在，态度比昨天亲昵多了。她叫小伙子脱下破小褂，给他缝补。小伙子说：“我是孤身一人呀！”荷花女像未听见。将衣补好，送小伙子出门。小伙子回到家已是半夜，坐不住，立不稳，返身又向河边跑，再到荷花湾，见湾中一朵大荷花，便呼唤荷花女，果然荷花女踏波而来。她说：“我父不许我和凡人往来，从今以后，我们便不得见面了。小伙子哭了，哭得很伤心。荷花女安慰说：“只要你真心实意，我就和你一块逃走。”小伙子对天发誓，永不变心。荷花女带小伙子驾云来到天边深林里，一座小桥直通小屋门前，他俩过桥进屋，屋内一切陈设齐备，还放着一架织布机。他们成了亲。小伙子天天外出打猎，不

用费多少力，就可猎到一些山兔、山鸡，空闲时间就游山逛水。荷花女却很辛苦，每天除了织绸，还到各山头栽桑。

一年又一年过去了，荷花女的头发不那么光亮了，红润的脸也不那么可人了，小伙子对她说："你太劳累了，人变老了，你歇歇吧！"荷花女摇摇头说："你看，如果那许多荒山都成了桑林，该多美呀！"荷花女从头上拔下一根针交给小伙子说："这针是宝贝，可制伏猛兽，你要用这宝针，把这一带被害兽占领的无人山区，变成百姓的乐园。注意，这宝针千千万万不能落到别人手里。" 一天，小伙子到远处的野山打猎，发现一个黑漆漆的洞口，觉得很奇怪，进洞一看，一只老虎扑来，他用荷花女给他的宝针一指，老虎逃跑了。前面是一座大门，推门一看，明灯高照，一位妙龄少女坐在炕上，她比荷花女漂亮多了，少女迎他同坐炕上，伴他吃菜喝酒，两人便成了亲。

三天后，少女说她要出去走亲戚，但怕虎狼伤害。小伙子说："我有宝针，可战胜一切猛兽。"说着便把宝针交给少女。谁知少女一走出洞，洞口便紧紧闭上，小伙子被禁在洞内，他这才想起荷花女说的话，懊悔已经迟了。荷花女见小伙子不回来，掐指一算，心中明白，原来小伙子已成负心人，不禁眼泪直流。又一想，还是去救他一命吧！她另外还有一件宝物，是开山钥匙。荷花女到了洞门口，把开山钥匙一指，洞门大开，把小伙子带出洞，小伙子感到羞愧不安。荷花女含泪说："做梦也想不到你是这样的负心人！二人正在返回途中，那少女从后面追来，大喊："小伙子，回来呵！"荷花女对小伙子说："你千万不能回头看她，只要一回头，你就没命了。"少女还在后面喊："小伙子，你好好想想，你到哪里再去找到像我这佯可爱的美人儿？小伙子一动心，回头望了一眼。少女趁他思想动摇的一刹那，把手帕一摆动，便把小伙子化成生长在地上的柔弱小草。

荷花女凝视着这小草，小草叶片双双相合，像是合掌忏悔，旋即含羞地垂下叶柄，表示认错。荷花女说："小伙子，你还能知耻，还能认错。"后来大家叫它"含羞草"，成为人们喜爱的小草。

桔　梗

桔梗别名六角荷、铃铛花、包袱花、道拉基，属桔梗科、桔梗属。多年生草本，根呈胡萝卜形，皮淡黄白色。茎高40～120厘米。叶3枚轮生、对生或互生，叶片卵形至披针形，叶背被白粉。花常单生，偶数朵聚生茎面。花冠宽钟状，5裂，现蕾时膨胀呈气球形，常被人称为“中国气球”。花径通常蓝色，也有白色、浅雪青色。有重瓣变种。花期6月。

桔梗原产我国，广布华南至东北。朝鲜、俄罗斯远东地区和日本也有。喜光照，最适壤土，耐寒。

桔梗可用于宿根花境，或作丛植。有时也可用作切花。根可入药，具有祛痰、镇咳的作用。

桔梗皂甙有很强的溶血作用，其溶血指数与来源产地和生长年

限、采集时间、加工方法等而异，从1:100到1:1000不等，韧皮部的溶血作用为本质部的4.4～6.5倍，不去皮的桔梗溶血作用略大于去皮桔梗。因此桔梗不可注射给药。灌胃大剂量桔梗皂甙，可反射性兴奋呕吐中枢，可引起恶心、呕吐。

飞燕草

飞燕草，毛茛科、翠雀属，多年生草本植物。别名大花飞燕草、百部草、鸡爪连、飞燕草、干鸟草、萝小花、千鸟花。因其花形别致，酷似一只只燕子，故又名翠雀、鸽子花。

飞燕草，花径4厘米左右。形态优雅，惹人喜爱。高35～65厘米，茎具疏分枝，叶掌状全裂。总状花序具3～15花，轴和花梗具反曲的微柔毛；花左右对称；小苞片条形或钻形；萼片5，花瓣状，蓝色或紫蓝色，长1.5～1.8厘米，上面1片有距，先端常微凹；花瓣2，较小，有距，距突伸于萼距内；退化雄蕊2，瓣片宽倒卵形，微凹，有黄色髯毛；雄蕊多数；心皮3，离生。蓇葖果3个聚生。花期8～9月。果期9～10月。适宜布置花坛、花径，也可作切花。全草及种子可入药治牙痛。

飞燕草原产于欧洲南部，在我国主要分布在云南、山西、河北、宁夏、四川、甘肃、黑龙江、吉林、辽宁、新疆、西藏等地，各省均有栽培。生于山坡、草地、固定沙丘。喜凉爽、通风、日照充足的干燥环境和排水通畅的砂质壤土。

◆花语传说◆

飞燕草的花语

飞燕草象征：清静、轻盈、正义、自由

蓝色：抑郁

紫色：倾慕 柔顺

白色：淡雅

粉红色：诗意

飞燕草的传说

传说一：英国的英雄亚伊亚斯，因为战利品分得太少而愤怒不已，用剑对着庭院中的花草乱刺乱砍，当他恢复理智后，对这种行为感到可耻，便自杀了。所流的血滴到地上后，开出了美丽的飞燕草，花朵上面据说还出现了亚伊亚斯的英文名字的缩写A·I·A。

传说二：南欧民间流传一则充满血泪的传说。古代有一族人因受迫害，纷纷逃难，但都不幸遇害。魂魄纷纷化作飞燕（一说翠雀），飞回故乡，并伏藏于柔弱的草丛枝条上。后来，这些飞燕化成美丽的花朵，年年开在故土上，渴望能还给它们“正义”和“自由”。

商 陆

商陆，又名苋陆（《易经》），马尾（《尔雅》）、常蓼（《广雅》）、薚、章陆、章柳（《玉篇》），大苋菜、湿苋菜、山包谷、金七娘、红苋菜、金鸡姆、猪姆耳、苋菜蓝、肥猪菜，多年生草本植物，高70～100厘米，全株无毛，根粗壮，肉质，圆锥形，外皮淡黄色。茎直立，多分枝，绿色或紫红色，具纵沟。叶互生，椭圆形或卵状椭圆形，长12～25厘米，宽5～10厘米，先端急尖，基部楔形而下延，全缘，侧脉羽状，主脉粗壮；叶柄长1.5～3厘米，上面具槽，下面半圆形。总状花序顶生或侧生，长10～15厘米；花两性，径约8毫米，具小梗，小梗基部有苞片1及小苞片2；萼通常5片，偶为4片，卵形或长方状椭圆形，初白色，后变淡红色：无花瓣：雄蕊8，花药淡粉红色（少数成淡紫色）；心皮8～10，离生。浆果扁球形，径约7毫米，通常由8个分果组成，熟时紫黑色。种子肾圆形，

扁平，黑色。花期6～8月，果期8～10月。

商陆多生于疏林下、林缘、路旁、山沟等湿润的地方。我国大部分地区均有分布。商陆主产河南、湖北、安徽等省；垂序商陆主产于山东、浙江、江西等省。

商陆的干燥根横切或纵切成不规则的块片，大小不等。横切片弯曲不平，边缘皱缩，直径约2.5～6厘米，厚约4～9毫米，外皮灰黄色或灰棕色；切面类白色或黄白色，粗糙，具多数同心环状突起。纵切片卷曲，长约4.5～10厘米，宽约1.5～3厘米，表面凸凹不平，木质部成多数突起的纵条纹，质坚，不易折断。气微，味稍甜，后微苦，久嚼之麻舌。以片大色白、有粉性、两面环纹显明者为佳。

商陆的根有毒，可引起消化障碍及中毒反应，但幼株叶在水煮，晒晾后可削弱毒性。

升 麻

升麻又叫莽牛卡架、龙眼根、窟窿牙根，是一种毛茛科植物中草药。呈不规则的长形块状，多分枝，呈结节状，长10～20厘米，直径2～4厘米。表面黑褐色或棕褐色，粗糙不平，有坚硬的细须根残留，上面有数个圆形空洞的茎基痕，洞内壁显网状沟纹；下面凹凸不平，具须根痕。体轻，质坚硬，不易折断，断面不平坦，有裂隙，纤维性，黄绿色或淡黄白色。气微，味微苦而涩。

升麻辛、微甘，微寒。归肺、脾、胃、大肠经。主治透疹，清热解毒，升举阳气。用于风热头痛，齿痛，口疮，咽喉肿痛，麻疹不透，阳毒发斑；脱肛，子宫脱垂。但是，升麻还有一定的毒性，在用量方面一定要慎重。

莽 草

莽草又名披针叶茴香、红毒茴、窄叶红茴香，又称水莽草，常绿灌木或小乔木，高3～8米。树皮灰褐色。叶互生或聚生于小枝上部，革质，倒披针形或披针形，长6～12厘米，宽2～4厘米，顶端渐尖，基部楔形，背面淡绿色。花1～2朵腋生；花柄长3～5厘米；花被片10～15，数轮，外轮的较小，有缘毛，内面深红色；雄蕊6～11，排成1轮；心皮8～12，嫩时直立，成熟后辐射开展。蓇葖果木质，顶端有长而弯曲的尖头；种子淡褐色，有光泽。花期5月，果期9～10月。主要分布于长江下游以南各省。

《本草图经》中记载：莽草，今南中州郡及蜀川皆有之。木若石南而叶稀，无花实。5月、7月间采叶阴干。一说藤生，绕木石间。古方治风毒痹厥诸酒，皆用WANG草。今医家取其叶，煎汤热含，少倾间吐之，治牙齿风虫甚效。此木也，而《尔雅·释草》云，葞，春草，释曰，药草、莽草也。郭璞云，一名芒草。WANG音近故尔。然谓之草者，乃蔓生者是也。

《本草纲目》中记载：此物有毒，食之令人选罔，故各。山人以毒鼠，谓之鼠莽。古方治小儿伤寒有莽草汤。又《琐碎录》云，思村王氏之子，生七日而两肾缩入，二医云，此受寒气而然也。以硫黄、茱萸、大蒜研涂其腹，以WANG草、蛇床子烧烟熏其下部而愈也。莽草制雌黄雄黄而有毒，误食害人，惟紫河车磨水服及黑豆煮汁服可解，豆汁浇其根即烂，性相制也。

莽草根有毒，入药有驱风散结、活血祛淤和杀虫的功能；叶和果实均含芳香油；种子巨毒，切勿误作“八角”代用品。

莽草与八角，系同科同属植物，但两者性质截然不同，莽草属于一种巨毒药，俗称“见血封喉”；八角则是一种人们常用的食物调料。两者鉴别如下：

莽草：果实多为8至13瓣，顶端呈较尖的鸟喙状，向后弯曲；果皮较薄，味略苦；果柄较短，平直或微弯。

八角：果实多为8瓣，顶端呈较钝的鸟喙状；果皮较厚，有较浓郁的香气，味甜；果柄较长，弯曲。

红茴香

红茴香又名十四角茴香、大茴香，常绿灌木或小乔木。叶革质，长披针形、倒披针形或倒卵状椭圆形，叶面深绿色、有光泽，背面淡绿色。花1～3朵生于叶腋，数轮，覆瓦状排列，深红色。聚合果呈星状十四瓣，红色，蓇葖先端长尖。花期4～5月，果期9～10月。花亮红色，1～3朵聚生叶腋或枝顶。花期夏秋季。

红茴香属阴性树种，喜土层深厚、排水良好、腐殖质丰富、疏松的砂质壤土。耐寒性强，在-12℃下不受冻害。不耐旱，尚耐瘠薄。耐寒性不强，但在黄河以北，冬季需加保护。在华中为良好的园林观赏树种。

红茴香树态优美，枝叶浓密，花色美丽。可在园林水边与湖石配植。但需注意，此药有大毒，不可当八角茴香食用。叶果均含芳香油，可提炼香料。根和根皮可入药。

泽漆

泽漆又叫做五朵云、猫儿眼草、奶浆草，为双子叶植物大戟科泽漆的干燥全草。一年生或二年生草本，高10～30厘米，全株含乳汁。茎基部分枝，带紫红色。叶互生，倒卵形或匙形，长1～3厘米，宽0.7～1厘米，先端微凹，边缘中部以上有细锯齿，无柄。茎顶有5片轮生的叶状苞；总花序多歧聚伞状，顶生，有5伞梗，每伞梗生3个小伞梗，每小伞梗又第3回分为2叉；杯状聚伞花序钟形，总苞顶端4裂，裂间腺体4，肾形；子房3室，花柱3。蒴果无毛。种子卵形，表面在凸起的网纹。花期4～5月，果期6～7月。

泽漆生于沟边、路旁、田野。分布于除新疆、西藏以外的我国各省区。

泽漆具有抗癌作用，临床上可将泽漆制成注射液、泡酒或与其他药物配伍组成复方，治疗多种恶性肿瘤，取得较好疗效。泽漆还可以治疗肝癌，癌性疼痛、食道癌等，但是在服用泽漆的时候一定要注意用量。一般剂量不宜太大(常用量10～15克)，过量可引起面色苍白、四肢无力、头昏呕吐等症状。

第二章 常青杀手
——树

树木是大自然的空气净化剂，是大自然中的天然空调，它给人类带来的益处是相当多的。在人类的脑海中，树木就是为人类造福的天然使者。但是，万事万物都不是只有利而无弊的。要知道，在这大自然的绿色屏障里，也有一些树对人类是有害的。

七星海棠，是树木中的“笑面杀手”，人类中毒后将会微笑而死；毒毛旋花，是人类的强心剂，但是它却不甘本分的想获得其他头衔，于是，便走上了歧途，成了毒物；毒箭树，从其名字中就可以看出，其毒性可想而知，是同类中的毒中之毒；常春藤，拥有着十分美丽的名字，但是却暗含杀机；漆树，为人类的生活做出了很大的贡献，被称为涂料之王，但是在含毒树木中它也占有一席之地……

七星海棠

七星海棠，落叶小乔木，树冠广卵形，叶片椭圆至长椭圆形，具细锯齿。花5～7朵簇生，伞形总状花序，未开时红色，开后渐变粉红色，多为半重瓣，也有单瓣者，梨果球状，黄绿色。

七星海棠其叶与寻常海棠无异，花瓣紧贴枝干而生，花枝如铁，花瓣上有七个小小的黄点。其花的根茎花叶均巨毒无比，但不加炼制，便不会伤人。制成毒物后无色无臭，无影无踪，令人防不胜防，死者脸上还带着怡然的微笑。堪称天下毒物之王。

◆趣闻传说◆

咏棠名篇

春晴怀故园海棠（宋·杨万里）

故园今日海棠开，梦入江西锦绣堆。

万物皆春人独老，一年过社燕方回。

似青似白天浓淡，欲堕还飞絮往来。

无那风光餐不得，遣诗招入翠琼杯。

同儿辈赋未开海棠（金·元好问）

枝间新绿一重重，小蕾深藏数点红。

爱惜芳心莫轻吐，且教桃李闹春风。

海棠溪　（唐·薛涛）

春教风景驻仙霞，水面鱼身总带花。

人世不思灵卉异，竞将红缬染轻沙。

海棠春　（宋·马子严）

柳腰暗怯花风弱。红映秋千院落。

归逐燕儿飞，斜撼真珠箔。

满林翠叶胭脂萼。不忍频频觑著。

护取一庭春，莫弹花间鹊。

题磁岭海棠花　（唐·温庭筠）

幽态竟谁赏，岁华空与期。

岛回香尽处，泉照艳浓时。

蜀彩淡摇曳，吴妆低怨思。

王孙又谁恨，惆怅下山迟。

海　棠　（唐·郑谷）

春风用意匀颜色，销得携觞与赋诗。

秾丽最宜新著雨，娇饶全在欲开时。

莫愁粉黛临窗懒，梁广丹青点笔迟。

朝醉暮吟看不足，羡他蝴蝶宿深枝。

不觉风光都过了，东窗浑为读书忙。

毒毛旋花

毒毛旋花，又称毒毛甙，为康吡毒毛旋花种子的提取物。灌木，高2～3米，具乳汁；枝条密被黄色糙硬毛。叶对生，幼时疏被黄色糙硬毛，老渐脱落，椭圆形或椭圆状矩圆形，长5～20厘米，宽2.5～8厘米，顶端短渐尖。聚伞花序顶生或生于枝端叶腋间，密被黄色粗糙硬毛；花萼裂片5枚，矩圆形，渐尖；花冠黄色，副花冠有紫色斑点，花冠裂片5枚，顶端延长成长尾带，长达18厘米，下垂；雄蕊5枚。蓇葖果木质，叉生成直线，长54厘米，径3厘米，披针形，顶端2叉，外果皮密被灰白色斑点；种子条状披针形，外种皮被全黄色柔毛，顶端具长喙，沿喙密生白绢质种毛，种毛长达5厘

米。原产非洲南部，广东有栽培。全株有毒，种子可作毒箭用，也可作强心剂及利尿剂。

毒毛旋花有很强的药物作用，毒毛旋花子甙K具有正性肌力作用，作用机制类似于其它强心甙类药物，通过抑制心肌细胞膜上Na^+—K^+—ATP酶，使心肌细胞内钙离子浓度增高，兴奋一收缩耦联作用增强。毒毛旋花子甙K还具有较强的以交感样作用，可以使心率加快，心脏房室传导加速，在发挥强心作用的同时可增加心肌的耗氧量。静脉给予毒毛旋花子甙K，5～10分钟开始起效，30分钟至1小时药效可达高峰，血浆半定期为21小时，作用可维持1～4日，6日后可全部排出体外，主要以原形从肾脏排出。临床作用主要用于急性心力衰竭的治疗，特别是用于心衰伴心率慢者。由于其拟交感样作用，可增加心肌耗氧量，且其毒性作用发生快而突然，常可导致病人猝死，因而目前临床已不常用，偶被用于小儿先天性心脏病伴发急性心衰者。

毒箭树

毒箭树，见血封喉，又名箭毒木，为桑科见血封喉属植物，是世界上木本植物中最毒的一种树。我国见于云南的西双版纳、广西南部、广东西部和海南省等地。毒箭树为高大的常绿乔木，树高可达30多米。它的茎杆基部具有从树干各侧向四周生长的高大板根。春夏之际开花，秋季结出一个个小梨子一样的红色果实，成熟时变为紫黑色。这种果实味道极苦，含毒素，不能食用。在我国，见血封喉现已被列为三级珍贵保护植物。

箭毒木的乳汁中含有弩箭子甙、见血封喉甙、铃兰毒甙、铃兰毒醇甙、伊夫草甙、马来欧甙等多种有毒物质。当这些毒汁由伤口进入人体时，就会引起肌肉松弛、血液凝固、心脏跳动减缓，最后导致人心跳停止而死亡。人们如果不小心吃了它，心脏也会麻痹，以致停止跳动。如果乳汁溅至眼里，眼睛马上会失明。人和动物若被涂有毒汁的利器刺伤即死，故叫“见血封喉”。当地人用这种毒汁涂在箭头上，或把箭头插于树干上，取之射兽，兽中箭三步之内立即死亡，但兽肉仍可食用。

常春藤

常春藤，又名洋常春藤、长春藤、土鼓藤、木茑、百角蜈蚣，属五加科。其茎生气根以攀缘他物，嫩叶以及花序被有星形鳞片，叶有柄，厚质，葡枝之叶稍做三角形，掌状。其果实、种子和叶子均有毒，孩童误食会引起腹痛、腹泻等症状，严重时会引发肠胃发炎、昏迷，甚至导致呼吸困难等。但茎叶也可当发汗剂以及解热剂。叶有香气，形态优美，可在家中作观赏用。

常春藤，常绿攀援藤本。长5～12厘米，宽1～8厘米，先端长尖，基部楔形，全缘。伞形花序单生或2～7个顶生；花小，黄白色或绿白色，花5数；子房下位，花柱合生成柱状。果圆球形，浆果状，黄色或红色。花期5～8月，果期9～11月。附于阔叶林中树干上或沟谷阴湿的岩壁上。产于陕西、甘肃及黄河流域以南至华南和西南。

五加科常春藤属植物——中华常春藤以全株入药。全年可采，切段晒干或鲜用。祛风利湿，活血消肿，平肝，解毒。用于风湿关节痛、腰痛、跌打损伤、肝炎、头晕、口眼蜗斜、衄血、目翳、急性结膜炎、肾炎水肿、闭经、痈疽肿毒、荨麻疹、湿疹。

常春藤能有效抵制尼古丁中的致癌物质。通过叶片上的微小气孔，常春藤能吸收有害物质，并将之转化为无害的糖分与氨基酸。常春藤最美丽之处在于它长长的枝叶，只要将枝叶进行巧妙放置，就能带给人一场“视觉盛宴”。色彩丰富的常春藤尤其喜欢在阳光下展示它的颜色。

漆　树

漆树属漆树科，落叶乔木，高达20米，有乳汁。我国漆树分布广泛，大体在北纬25°～42°、东经95°～125°之间的山区。秦巴山地和云贵高原为漆树分布集中的地区。云南、四川、贵州三省的产量最多，福建是我国著名漆树产区。

漆树是我国重要的特用经济林。漆业是天然树脂涂料，素有“涂料之王”的美誉。漆树可取蜡，籽可榨油，木材坚实，生长迅速，为天然涂料、油料和木材兼用树种。据“四五”森林资源清查，全省有150余县（市）有漆树生长，共有成片漆树4147公顷，散生漆树2102.5万株，常年产生漆325吨左右，最高年产（1959年）577.5吨。

该物种为中国植物图谱数据库收录的有毒植物，树的汁液有毒，对生漆过敏者皮肤接触即引起红肿、痒痛，误食则会引起强烈刺激，如口腔炎、溃疡、呕吐、腹泻，严重者可发生中毒性肾病。

相思树

相思树为缠绕性藤本。晋干宝《搜神记》载，宋康花夺其舍人韩凭之妻何氏，夫妻皆自杀。两冢相望，宿夕之间，冢顶各生大梓木，旬日长大盈抱，两树屈体相就，根交于下，枝错于上，又有鸳鸯一对，恒栖树上，晨夕不去，交颈悲鸣。宋人哀之，因号其木为相思树。

相思树，茎丛生，细长，老茎暗棕色，稍木化，幼枝绿色，表面疏生贴伏细刚毛。叶互生，偶数羽状复叶，叶轴被稀毛；小叶8～20对，具短柄，小叶片近长方形至倒卵形，长5～20毫米，宽2.5～8毫米，先端钝圆，具细尖，基部广楔形或圆形，全缘，上面无毛，下面被贴伏细刚毛，叶片常易凋落。总

状花序腋生，花序轴粗短，花小，淡紫色，具短梗，集生于花序轴上；花萼钟状、萼齿4裂；花冠蝶形，旗瓣广卵形，基部有三角状的爪，翼瓣与龙骨瓣狭窄子房上位，广线形，具毛，花柱短，柱头有细乳突。荚果黄绿色，类长方形至长圆形，革质，先端有短喙，表面被白色细刚毛，种子1～6枚，椭圆形，上部红色，基部近种脐部分黑色，有光泽。花期3～5月，果期5～6月。果实名为相思豆，又称相思子。

相思树的种子干燥后呈椭圆形，少数近于球形，长径5～7毫米，短径4～5毫米，表面红色，种脐白色椭圆形，位于腹面的一端，在其周围呈乌黑色，约占表皮的1/4～1/3，种脊位于种脐的一端，呈微突的直线状。种皮坚硬，不易破碎，内有两片子叶和胚根，均为淡黄色。气青草样、味涩。以个大、红头、黑底、色艳、粒圆、饱满者为佳。主产于广东、广西、此外，福建、云南亦产。主要毒素在种子里，误食阻碍消化、腹泻、恶心、呕吐、惊厥、混合出血、昏迷、心力衰竭、死亡、尸体口部会腐烂。直接吞食种子没事，咀嚼种子立刻中毒。

相思树生长于丘陵地或山间、路旁灌丛中，常栽培于村旁。本植物的根（相思子根）、茎叶（相思藤）亦供药用。

◆植物文化◆

相思豆文化

相思树树高三四十米，吸取天地之灵气精结而成。相思豆质坚如铁、色艳如血、形似跳动的心脏，红而发亮，不蛀不腐，色泽晶莹而永不褪色。如果你仔细观察会发现，它的红色是由边缘向内部逐步加深的，最里面又有一个心形曲线围住特别艳红的部分，真是一豆双心，心心相印。这就是相思红豆，一种充满灵气而奇妙的种子，传说是心有相思之苦难以化解，最终凝结而成。所以相思豆自古以来都诠释为爱情的种子，同时又深表爱情、友情、亲情的真谛。

在台湾，相思豆和玉一样，是有灵性的开运吉祥神物。定情时，送一串许过愿的相思豆，会求得爱情顺利；婚嫁时，新娘会在手腕或颈上佩带鲜红的相思豆所串成的手环或项链，以象征男女双方心连心白头到老；结婚后，在夫妻枕下各放六颗许过愿的相思豆，可保夫妻同心，百年好合。

著名诗人王维，曾写过一首关于红豆的诗，诗的内容如下：

红豆生南国，春来发几枝？愿君多采撷，此物最相思!

相传，古时有位男子出征，其妻朝夕倚于高山上的大树下祈望；因思念边塞的爱人，哭于树下。泪水流干后，流出来的是粒粒鲜红的血滴。血滴化为红豆，红豆生根发芽，长成大树。日复一日，春去秋来。大树的果实，伴着姑娘心中的思念，慢慢的变成了地球上最美的红色心型种子——相思豆。

红豆，有着极其深厚的文化底蕴。真正的相思红豆，粒形特大，直径8~9毫米，一市斤1700粒。大自然赋于它一种特质：质坚如钻、色艳如血、形似跳动的心脏，红而发亮，不蛀不腐，色泽晶莹而永不褪色。其外形及纹路，皆为“心”字形。真的是大心套小心，心心相印。

目前，相思红豆饰品风靡南国，时尚女性以佩带红豆精美饰品为荣，男女恋人纷纷为对方选择相思红豆饰品表达心中的爱意。

玉　树

玉树原产南非，又名燕子掌、景天树，为景天科青锁龙属肉质植物，体态强健、四季常绿，喜温暖干燥和阳光充足环境。不耐寒，怕强光，稍耐阴。土壤以肥沃、排水良好的沙壤土为好。冬季温度不低于7℃虽极易成活，但开花却不多见，只有气候、养料、管理等各方面都达到了一定的条件，它才会开花。玉树开花常被人们视为吉祥、如意的象征。

玉树常用扦插繁殖。在生长季节剪取肥厚充实的顶端枝条，长8～10厘米，稍晾干后插入沙床，

插后约3周生根。也可用单叶扦插，切叶后待晾干。再插入沙床，插后约4周生根，根长2～3厘米时上盆。

玉树栽植常采用盆栽。盆土要求疏松、肥沃、排水良好。一般选用腐叶土或泥炭土2份，园土2份，粗沙3份，石灰石砾1份混合的培养土作盆土。玉树生长较快，为保持株形丰满，肥水不宜过多。生长期每周浇水2～3次，高温多湿的7～8月严格控制浇水。盛夏如通风不好或过分缺水，也会引起叶片变黄脱落，应放半阴处养护。入秋后浇水逐渐减少。室外栽培时，要避开暴雨冲淋，否则根部积水过多，易造成烂根死亡。每年换盆或秋季放室时，应注意整形修剪，使其株形更加古朴典雅。

玉树生长适宜温度为20℃～30℃。春、秋两季为其适宜生长期。夏季高温时要进行遮荫或放在树荫下，避免强阳光直射。温度超过38℃时生长缓慢或进入短暂休眠。冬季应入温室或放在室内向阳处，室温保持7℃～10℃，最低不能低于5℃。

玉树的枝叶内均含有大量的大戟脂素，人体接触枝叶流出的汁液，会引起皮肤发红、肿胀、疼痛、起泡，倘不慎溅入眼内可致失明，不能放在室内养植。

巴豆树

巴豆树属于常绿乔木，高6～10米。幼枝绿色，被稀疏星状柔毛或几无毛；二年生枝灰绿色，有不明显黄色细纵裂纹。叶互生；叶柄长2～6厘米；叶片卵形或长圆状卵形，长5～13厘米，宽2.5～6厘米，先端渐尖，基部圆形或阔楔形，近叶柄处有2腺体，叶缘有疏浅锯齿，两面均有稀疏星状毛，主脉3出；托叶早落。花单性，雌雄同株；总状花序顶生，上部着生雄花，下部着生雌花，亦有全为雄花者。花梗细而短，有星状毛；雄花绿色，较小，花萼5裂，疏生细微的星状毛，萼片卵形，花瓣为5瓣，反卷，内面密生细的绵状毛，雄蕊15～20，着生于花盘边缘上，花盘盘状；雌花花萼5裂，无花瓣，子房圆形，3室，密被短粗的星状毛，花柱3枚，细长，每枚再2深裂。蒴果长圆形至倒卵形，有3钝角。种子长卵形，3枚，淡黄褐色。花期3～5月。果期6～7月。夏季开花，种子有毒，含有巴豆素。

巴豆树多为栽培植物，野生于山谷、溪边、旷野，有时亦见于密林中。主要分布于四川、湖南、湖北、云南、贵州、广西、广东、福建、台湾、浙江、江苏等地。

木薯

木薯，灌木状多年生作物。茎直立，木质，高2～5米，单叶互生掌状深裂，纸质，披针形。单性花，圆锥花序，顶生，雌雄同序。雌花着生于花序基部，浅黄色或带紫红色，柱头三裂，子房三室，绿色。雄花着生于花序上部，吊钟状，植后3～5个月开始开花，同序的花，雌花先开，雄花后开，相距7～10天。蒴果，矩圆形，种子褐色，根有细根、粗根和块根。块根肉质，富含淀粉。木薯适应性强，耐旱耐瘠。在年平均温度18℃以上，无霜期8个月以上的地区，山地、平原均可种植；降雨量600～6000毫米，热带、亚热带海拔2000米以下，土壤pH3.8～8.0的地方都能生长，最适于在年平均温度27℃左右，日平均温差6℃～7℃，年降雨量1000～2000毫米且分布均匀，pH6.0～7.5，阳光充足，土层深厚，排水良好的土地生长。

木薯为中国植物图谱数据库收录的有毒植物，其毒性为全株有毒，以新鲜块根毒性较大，食用木薯中毒的报道很多。中毒症状轻者恶心、呕吐、腹泻、头晕，严重者呼吸困难、心跳加快、瞳孔散大，以至昏迷，最后抽搐、休克，因呼吸衰竭而死亡。还可引起甲状腺肿、脂肪肝以及对视神经和

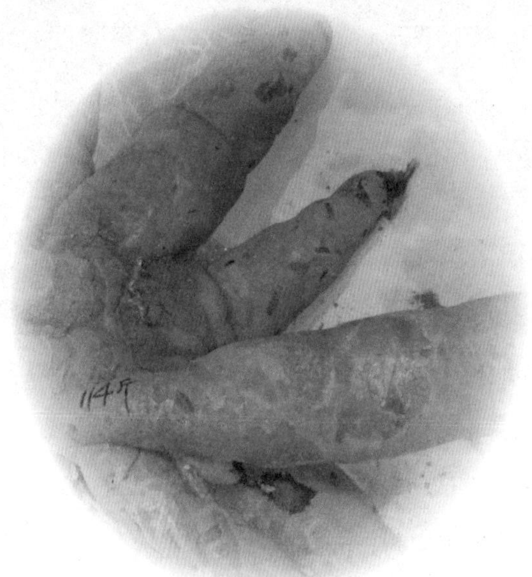

运动神经的损害等慢性病变。

木薯的主要用途是食用、饲用和工业上开发利用。块根淀粉是工业上主要的制淀粉原料之一。世界上木薯全部产量的65%用于人类食物，是热带湿地低收入农户的主要食用作物。作为生产饲料的原料，木薯粗粉、叶片是一种高能量的饲料成分。在发酵工业上，木薯淀粉或干片可制酒精、柠檬酸、谷氨酸、赖氨酸、木薯蛋白质、葡萄糖、果糖等，这些产品在食品、饮料、医药、纺织（染布）、造纸等方面均有重要用途。在中国主要用作饲料和提取淀粉。

木薯为世界三大薯类(木薯、甘薯、马铃薯)之一，有100多个种，木薯为唯一用于经济栽培的种，其他均为野生种。木薯可分为甜、苦两个品种类型。

可食用的木薯是经过加工处理的：首先应该把木薯剥皮并切成片，然后再通过烘烤或煮等方法烹制，经过这样加工后的木薯是可以放心食用的。而经过加工的其他木薯制品，如木薯淀粉、木薯条或木薯粉都几乎不会对人体造成危害，因为加工过程中有毒物质已被去掉。因此，未加工过的木薯是不可食用的。

皂　荚

皂荚，又名皂角树、鸡栖子、皂角、大皂荚、长皂荚、悬刀、长皂角、大皂角、乌犀，是我国特有的苏木科皂荚属树种之一。落叶乔木，高达15～30米，树干皮灰黑色，浅纵裂，干及枝条常具刺，刺圆锥状多分枝，粗而硬直，小枝灰绿色，皮孔显著，冬芽常叠生，一回偶数羽状复叶，有互生小叶3～7对，小叶长卵形，先端钝圆，基部

圆形，稍偏斜，薄革质，缘有细齿，背面中脉两侧及叶柄被白色短柔毛，杂性花，腋生，总状花序，花梗密被绒毛，花萼钟状被绒毛，花黄白色，萼瓣均4数。荚果平直肥厚，长达10～20厘米，不扭曲，熟时黑色，被霜粉，花期5～6月，果熟9～10月。

皂荚生长旺盛，雌雄异株，雌树结荚（皂角）能力强。皂荚果是医药食品、保健品、化妆品及洗涤用品的天然原料；皂荚种子可消积化食开胃，并含有一种植物胶（瓜尔豆胶）是重要的战略原料；皂荚刺（皂针）内含黄酮甙、酚类，氨基酸，有很高的经济价值。

皂荚原产中国长江流域，分布极广，自中国北部至南部及西南均有分布。多生于平原、山谷及丘陵地区。但在温暖地区可分布在海拔1600米处。性喜光而稍耐荫，喜温暖湿润气候及深厚肥沃适当湿润土壤，但对土壤要求不严，在石灰质及盐碱甚至粘土或砂土均能正常生长。皂荚的生长速度慢但寿命很

长，可达六七百年。属于深根性树种。需要6～8年的营养生长才能开花结果，但是其结实期可长达数百年。

该物种为中国植物图谱数据库收录的有毒植物，其毒性为豆荚、种子、叶及茎皮有毒。人口服200克皂荚的水煎剂可中毒死亡。服后10分钟即出现呕吐，2小时后腹泻，继之痉挛、神志昏迷、呼吸急促，8小时后死亡。尸检可见脑水肿充血，内脏粘膜充血、水肿呈毒血症及缺氧症。小鼠腹腔注射17克皂荚种子的乙醇提取物，就会出现活动减少、安静伏地甚至死亡的症状。

皂荚对鱼类的毒性很强，高等动物对它一般很少吸收，故主要为对局部粘膜的刺激作用，使分泌增加等。但如服用剂量过大或胃肠粘膜有损伤或注射给药，均可产生全身毒性，血细胞溶解；特别是影响中枢神经系统，先痉挛，后麻痹，呼吸中枢麻痹即导致死亡。国内曾报告有服皂荚煎剂（200克加老醋1杯）中毒死亡者。大量皂荚中所含之皂甙不仅刺激胃肠粘膜，而且腐蚀胃粘膜，发生吸收中毒。

马钱子

马钱子，又叫做番木鳖、苦实把豆儿（《飞鸿集》）、火失刻把都（《纲目》）、苦实（《本草原始》）、马前、牛银（《本草求原》）大、方八（《中药材手册》）。

常绿乔木，高10～13米。叶对生，有柄；叶片广卵形，先端急尖或微凹，全缘，革质，有光泽，主脉5条，罕3条。聚伞花序顶生，花小，白色，近无梗；花萼先端5裂；花冠筒状；雄蕊5，无花丝；子房上位，花柱长与花冠相近。浆果球形，直径6～13厘米，成熟时橙色，表面光滑。种子3～5粒或多，圆盘形，密被银色茸毛，种柄生于一面的中央。

马钱子一般产于印度、越南、缅甸、泰国、斯里兰卡，在中国产于云南。

马钱子可做药材，通络止痛，散结消肿。用于风湿顽痹麻木瘫痪，跌打损伤，痈疽肿痛；小儿麻痹后遗症，类风湿性关节痛。麻木瘫痪，重症肌无力等。但是也有一定的毒素，中毒最初会出现头痛、头晕、烦躁、呼吸增强、肌肉抽筋感，咽下困难，呼吸加重，瞳孔缩小、胸部胀闷、呼吸不畅，全身发紧等症状。然后伸肌与屈肌同时作极度收缩、对听、视、味、感觉等过度敏感，继而发生典型的土的宁惊厥症状，最后呼吸肌强直窒息而死。

栎 树

栎树，也称橡树或柞树，是壳斗科的一个属。栎属有600个种，其中450种来自栎亚属，150种则是青刚亚属。栎属植物是夏绿或常绿乔木，少数为灌木。橡树的果实橡子特别容易为人所识别，是一种坚果。果实为一杯状外壳所保护，被称为壳斗。单叶互生，深裂叶，边缘平滑或锯齿状者少见。托叶早落。花构造简单，单花被，雌雄同株，柔荑花序。栎树为落叶或常绿乔木，少数为灌木。叶缘有锯齿，少有全缘。雄花柔荑花序下垂，雌花单生于总苞内。坚果单生，果皮内壁无毛，不发育的胚珠位于种子基部之外侧。

栎树的分布与地势有一定的关系，大多生长在坡、山上，“因此西郊的丘陵地带很适合它们生长。”栎树的应用十分广泛，“栎树也能够成材，成材后可做地板等，市场上就有不少的柞木地板，它们大都产自长白山、辽东地区。而大连西部地区的栎树由于曾经被砍伐等原因，生长时间还比较短，基本都比较细小。”栎树主要分布于亚洲、欧洲、非洲、美洲等地区，资源丰富，约有300种，中国有栎树60余种。以黑龙江、辽宁、吉林、内蒙古、山东、河南、贵州、广西、安徽、陕西、四川等省区为多。垂直分布，平地至海拔3000米高山均能生长。在四川中部高山可生长在海拔4600米处。栎树叶为柞蚕主要饲料。栎树木材为坚固抗腐性用材，树皮、叶片、壳斗、提取物为制革、印染和渔业所必须的材料。栎树的皮层较厚，可作工业上的软木材料。

但是，由于栎树还有酚类化学物质，所以栎树是有毒的植物。

黄 杨

黄杨又名小叶黄杨、锦熟黄杨、黄杨木、瓜子黄杨、千年矮、乌龙木。

黄杨属于常绿灌木或小乔木；树皮灰色，有规则剥裂；茎枝有4棱；小枝和冬芽的外鳞有短毛。叶倒卵形或倒卵状长椭圆形至宽椭圆形，长1～3厘米，宽7～15毫米，背面主脉的基部和叶柄有微细毛。花簇生于叶腋或枝端，无花瓣；雄花萼片4，长2～2.5毫米；雄蕊比萼片长两倍；雌花生于花簇顶端，萼片6，两轮；花柱3，柱头粗厚，子房3室。蒴果球形，熟时黑色，沿室背3瓣裂。花期3～4月，果期5～7月。

黄杨性耐阴，喜温暖湿润气候和疏松肥沃土壤，在酸性、中性、碱性土壤中均能生长。根系发达，萌芽力强。

黄杨叶色终年常绿，耐修剪，寿命长，枝条柔软，便于造型。黄杨生长速度慢，加工时宜充分利用枝条，不宜大疏大删。如自幼加工，可以模仿大自然中树木的千姿百态，设计、制作出种种优美的树型。“杨派”盆景中，习惯以棕丝扎缚结合修剪的方法加工盆景，细扎细剪，技艺精湛；尤其在加工时，常将小枝条攀扎成细腻柔和的弯曲，称为“一寸三弯”。枝片加工成既平且薄的“云片”，有很强的装饰性。“苏派”盆景中，习以“粗扎细剪”的方法加工盆景，往往利用黄杨树桩的天然条件，随形应变，创作出苍古人画的造型。黄杨既适宜单株造型，又可以组合造景，只要创作者胸有丘壑，就能够将大自然中优美奇俏的树木形象再现于盆盎之中。

该物种为中国植物图谱数据库收录的有毒植物，其毒性为叶有毒。人和动物中毒后主要症状是腹痛、腹泻、步态不稳、痉挛，因呼吸和循环障碍而死亡。小鼠腹腔注射20克／千克叶的乙醇提取物，2～3分钟后活动减少、共济失调，部分动物死亡。

◆神话传说◆

黄杨木雕起源的传说

相传，黄杨木雕是一个名叫叶承荣的放牛娃发明的。叶承荣是浙江乐清县人。一天，他在村头的一座庙里玩耍，看到庙里有一位老人正在塑佛像。他一下子被老人的技艺所吸引，随即跑到庙外，挖来了一块很有黏性的泥巴，坐在庙口，偷偷地学着堆塑。老人是当地一位有名的民间艺人，看到叶承荣聪明好学，就将他收为徒弟，教他圆塑、泥塑、上彩、贴金及浮雕等多种技艺。他进步很快，一年后，就掌握了这些技艺。一天，叶承荣在乐清县宝台山紫霞观塑佛像，观中道人折来一根黄杨木，请他用黄杨木雕一只如意发簪。在雕刻的过程中，叶承荣发现黄杨木木质坚韧、纹理细腻、色彩光泽，为其他木质所不及，是用于雕刻的好木料。从此，他开始用黄杨木雕刻作品。就这样，我国民间艺术园地中的黄杨木雕刻诞生了。

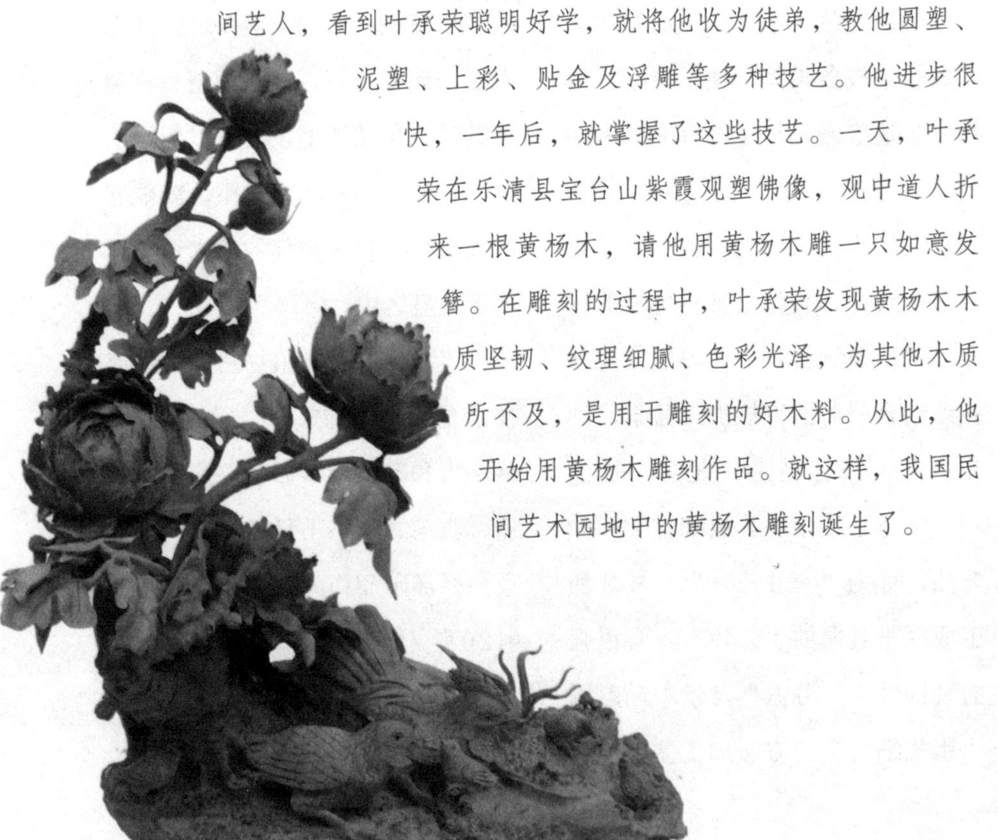

南天竹

南天竹又名天竺、南天竺、竺竹、南烛、南竹叶、红杷子、蓝天竹、木兰竺，常绿灌木。多野生于湿润的沟谷旁、疏林下或灌丛中，也栽于庭园，钙质土壤指示植物。喜温暖多湿及通风良好的半阴环境。较耐寒。能耐微碱性土壤。喜光，耐阴，强光下叶色变红。适宜含腐殖质的沙壤土生长。

南天竹株高约2米。直立，少分枝。老茎浅褐色，幼枝红色。叶对生，2～3回奇数羽状复叶，常集于叶鞘。小叶3～5片，椭圆状披针形，长3～10厘米。夏季开白色花，大形圆锥花序顶生。浆果球形，熟时鲜红色，偶有黄色，直径0.6～0.7厘米，含种子2粒，种子扁圆形。花期5～6月，果熟期10月到来年1月。

该物种为中国植物图谱数据库收录的有毒植物，其毒性为全株有毒，主要含天竹碱、天竹苷等，误食会引起兴奋、脉搏先快后慢且不规则、血压下降、肌肉痉挛、呼吸麻痹、昏迷等症状。

光棍树

光棍树又名绿玉树、绿珊瑚，青珊瑚，小乔木，高2～6米，直径10～25厘米，老时呈灰色或淡灰色，幼时绿色，上部平展或分枝；小枝肉质，具丰富乳汁。叶互生，长圆状线形，长7～15毫米，宽0.7～1.5毫米，先端钝，基部渐狭，全缘，无柄或近无柄；常生于当年生嫩枝上，稀疏且很快脱落，有茎行使光合功能，故常呈无叶状态；总苞叶干膜质，早落。花序密集于枝顶，基部具柄；总苞陀螺状，高约2毫米，直径约1.5毫米，内侧被短柔毛；腺体5枚，盾状卵形或近圆形。雄花数枚，伸出总苞之外；雌花1枚，子房柄伸出总苞边缘；子房光滑无毛；花柱3，中部以下合生；柱头2裂。蒴果棱状三角形，长度与直径均约8毫米，平滑，略被毛或无毛。种子卵球状，长与直径均约4毫米，平滑；具微小的种阜。花果期7～10月。

光棍树原产非洲东部（安哥拉），广泛栽培于热带和亚热带，并有逸为野生现象；我国南北方均有栽培，或作为道树（南方）或温室栽培观赏（北方）。光棍树亦为人造石油的重要原料之一。

光棍树的乳汁有毒。绿玉树汁液有促进肿瘤生长的作用，通过促使人体淋巴细胞染色体重排而致癌；刺激皮肤可致红肿，不慎入眼可致暂时失明。也有致泻作用，并可毒鱼。

第四章　常见致癌杀手

癌症是人类十分畏惧的一种疾病，目前还没有很好的治疗方法及治疗药物.因此，人类“谈癌色变”。

我们知道，癌症是机体在环境污染、化学污染（化学毒素）、电离辐射、自由基毒素、微生物（细菌、真菌、病毒等）及其代谢毒素、遗传特性、内分泌失衡、免疫功能紊乱等等各种致癌物质、致癌因素的作用下导致身体正常细胞发生癌变。那么，我们是否知道有些植物也是可以导致人体癌变的杀手呢？

在种类繁多的植物种类中，有些植物是可以导致人体发生癌变的，如若人类误食，便会对人类体内细胞的新陈代谢起到一定的癌变作用，成为人类的致癌杀手。

比如虎刺梅，它拥有着美丽的外表，但是却可以致人癌变；芫花，被誉为美丽的太阳之花，也蕴含着致癌的本领；猫眼草，一种貌似猫眼的草中精灵，但却杀机四伏……

虎刺梅

虎刺梅又名铁海棠，为多刺直立或稍攀援性小灌木。株高1～2米，多分枝，体内有白色浆汁。茎和小枝有棱，棱沟浅，密被锥形尖刺。叶片密集着生新枝顶端、倒卵形，叶面光滑、鲜绿色。花有长柄，有2枚红色苞片，花期冬春季。南方可四季开花。蒴果扁球形。同属植物常见栽培的尚有白花虎刺梅。目前，虎刺梅有多种花色园艺变种及大花品种。

虎刺梅灰绿色的干枝带刺，枝上疏生鲜绿色匙形或倒卵圆形叶片，枝端开出鲜红、玫红的小花。花期长，花色鲜艳，形姿雅致，栽培容易，为人们所喜爱。

虎刺梅原产非洲马达加斯加岛，喜温暖湿润和阳光充足环境。耐高温、不耐寒。以疏松、排水良好的腐叶土为最好。冬季温度不低于12℃。

虎刺梅全株生有锐刺，茎中白色乳汁有毒。对人的皮肤、粘膜有刺激作用，误食会引起恶心、呕吐、下泻、头晕等。家庭养植只要不随意折花给孩子玩，就不会造成

危害。有经验的花工还会常常利用大戟属植物茎、叶浸渍滤液，防治蚜虫、红蜘蛛等花卉害虫。虎刺梅的茎、花枝叶可入药。性凉，味苦。有小毒。有拔毒泄火、凉血止血之功效。

虎刺梅会释放出刺激性的难闻气味，种过此类植物的土壤中被检测出含有致癌病毒和化学致癌物的激活物质。据专家介绍，虎刺梅等促癌植物中含有“Epsteln—Barr病毒早期抗原诱导物”，可以诱导EB病毒对淋巴细胞的转化，并能促进由肿瘤病毒或化学致癌物质引起的肿瘤生长。还可诱发鼻咽癌和食管癌。

芫　花

芫花又叫做杜芫、老鼠花、黄阳花、野丁香花，为落叶灌木，高达1米。茎略带紫褐色，幼时有柔毛。叶对生，有的互生，椭圆形，长3～6厘米，宽1.5～2厘米，下面有绢状毛。花先叶开放，3～7朵簇生于叶腋；花被筒状，先端4裂，淡紫色，外被白色短柔毛；雄蕊8，上下2轮，生于花被筒内；子房1室，瓶状，被白色柔毛，柱头头状，红色。核果肉质，白色。种子1粒。花期4～5月，果期6月。

芫花常3～7朵生于短花轴上，基部有苞片1～2片，多脱落为单朵。单朵为棒状，多弯曲，长1～1.7厘米，直径约为1.5毫米；花被筒表面淡紫色或灰绿色，密被短柔毛，先端4裂呈花冠状，裂片淡紫色或黄棕。质软、气微、味甘、微辛。

芫花一般生于路旁及山坡林间。分布于长江流域以南及山东、河南、陕西。

该物种为中国植物图谱数据库收录的有毒植物，其毒性为全株有毒，以花蕾和根的毒性最大。含刺激皮肤、粘膜起徊的油状物，内服中毒后会引起剧烈的腹痛和水泻。大鼠腹腔注射花蕾的煎剂LD50为9.25克／千克，死亡前有惊厥现象，多死于呼吸衰竭；小鼠腹腔注射LD50为1.470克／千克，会出现活动减少、伏地、肌松、后肢无力，最后衰竭死亡，死前未见惊厥。此外，芫花还有致癌物质。

猫眼草

猫眼草又名瞎眼花、耳叶大戟、打碗花、猫耳眼、细叶猫儿眼、打盆打碗、摔盆摔碗，多年生草本，无毛，高25～30厘米，通常多分枝，基部坚硬，具早落的鳞叶，叶绒状披针形，长2～5厘米，宽2～3毫米，先端钝尖或尖，基部楔形，全缘，两面无毛，总花序顶生，具伞梗3～6个，或单梗生于茎上部叶腋，或有时各伞梗再分生2～3个小伞梗，伞梗基部具轮生的苞叶4～5个，苞片宽线形，披针形至卵状披针形，有的基部具耳，伞梗顶端各具2苞片，苞片半圆形至三角状肾形，2回分枝的小梗顶端之苞片常比伞梗的略小或近等大。杯状聚伞花序着生于小伞梗顶端的苞腋，顶端4裂，裂片间具4枚新月形的腺体，腺体无花瓣状附属物，子房3室，花柱3，中部以上离生，先端2裂。蒴果，扁球形，无毛，种子卵形，长约2毫米，花期5～6月，果期7～8月。

猫眼草为植物大戟科大戟属，产于辽宁、吉林、新疆、内蒙古、河北、山西等地。

猫眼草具抗肿瘤作用。鲜汁多服能致口腔咽喉发麻、胃部不适、呕恶、痛烦、腹泻、甚至眩晕等中毒现象，直接接触皮肤粘膜则有刺激引赤作用。此外，猫眼草还是一种致癌植物。

狼　毒

狼毒又名红狼毒、绵大戟、一把香、山萝卜、红火柴头花，瑞香科狼毒属，多年生草本，丛生，高20～50厘米，头状花序。花冠背面红色，腹面白色。叶互生，无柄，披针形至卵状披针形，全缘，无毛。一般生长于草原和高山草甸。

在高原上，牧民们因它含毒的汁液而给它取了狼毒这样一个名字。狼毒花根系大，吸水能力强，能够适应干旱寒冷的气候，生命力强，周围草本植物很难与之抗争，在一些地方已被视为草原荒漠化的“警示灯”。而在高原上狼毒的泛滥，最重要的原因则是人们放牧过度，其他物种少了，狼毒乘虚而入。

狼毒根可入药，有大毒，能散结、逐水、止痛、杀虫，主治水气肿胀、淋巴结核、骨结核；外用治疥癣、瘙痒，顽固性皮炎、杀蝇、杀蛆。其次，狼毒根也作蒙药用（蒙药名：达伏图茹），能逐泻、止腐消肿，主治各种“奇哈”症、疖痛。狼毒近年来还被用于生物农药，以毒攻毒，取得明显效果。狼毒还具有致癌性质。

银粉背蕨

银粉背蕨株型小巧，叶形奇特，质硬有光泽，叶背银白清晰，其适应性很强，是难得的一种小型蕨类。它属蕨科粉背蕨属植物，根状茎直立或斜升，外被红棕色边的亮黑色披针鳞片，叶簇生，表面暗绿，背面有银白色或乳黄色粉粒，叶呈五角星状，羽片基部彼此相连或分离，顶生羽近于菱形，侧生羽片又为三角形，叶柄栗褐色，有光泽。

银粉背蕨在我国南北大部分地区都有分布，日本、朝鲜及远东地区也有，为石生蕨，多生于石灰岩缝隙中，性喜阳也耐阴，耐寒也耐旱，喜生长在疏松的钙质土壤中，在中性或微酸性土壤中也能生长。

银粉背蕨的繁殖多

用孢子播种，分株成活率低，多在春季萌动前，整株挖起栽植并小心管理。若用孢子播种，要用石灰质的原料作基质，可在经石或沙土中掺入少量熟石灰。播后不必覆土，并用玻璃盖上保温，放在阴处，以后用浸水法保持土壤湿润，孢子体长大后要及时分栽，让其逐步接受光照。

由于这种植物本身为石生蕨，对不良环境有很强的适应性，经常用在水石盆景和假山石上作绿化点缀材料。作土培时，要用腐叶土、碎砖或砂等量混合，再加少量石灰。栽植时盆不要太大，栽植也不要太深。春秋可接收半日光照，6～9月应避免烈日直射。经常保持盆土及环境湿润并适时施肥，可使其生长旺盛，叶绿光亮，正反两面色彩对比鲜明。此草耐旱，即使久旱，叶片卷曲也不要紧，只要浇上水，它很快就会舒展开。

银粉背蕨具有致癌物质，切不可误食。

槟榔

槟榔，别名仁频、宾门、宾门药饯、白槟榔、橄榄子、洗瘴丹、大腹槟榔、槟榔子、青仔、槟榔玉、榔玉，为棕榈科植物槟榔的种子。叶簇生于茎顶，长1.3～2米，羽片多数，两面无毛，狭长披针形，长30～60厘米，宽2.5～4厘米，上部的羽片合生，顶端有不规则齿裂。雌雄同株，花序多分枝，花序轴粗壮压扁，分枝曲折，长25～30厘米，上部纤细，着生1列或，2列的雄花，而雌花单生于分枝的基部；雄花小，无梗，通常单生，很少成对着生，萼片卵形，长不到1毫米，花瓣长圆形，长4～6毫米，雄蕊6枚，花丝短，退化雌蕊3枚，线形；雌花较大，萼片卵形，花瓣近圆形，长1.2～1.5厘米，退化雄蕊6枚，合生；子房长圆形。果实长圆形或卵球形，长3～5厘米，橙黄色，中果皮厚，纤维质。种子卵形，基部截平，胚乳嚼烂状，胚基生。花果期3～4月。

槟榔主要分布在中非和东南亚，如印度、巴基斯坦、斯里兰卡、马来半岛、新几内亚、印度尼西亚、菲律宾、缅甸、泰国、越南、柬埔寨等国。我国引种栽培已有1500年的历史，海南、台湾栽培较多，广西、云南、福建等省（区）也有栽培。

变叶木

变叶木亦称变色月桂，常绿灌木或小乔木。高1～2米。单叶互生，厚革质；叶形和叶色依品种不同而有很大差异，叶片形状有线形、披针形至椭圆形，边缘全缘或者分裂，波浪状或螺旋状扭曲，甚为奇特，叶片上常具有白、紫、黄、红色的斑块和纹路，全株有乳状液体。总状花序生于上部叶腋，花白色不显眼。常见品种有：长叶型，叶片呈披针形，绿色叶片上有黄色斑纹；角叶型，叶片细长，叶片先端有一翘角；螺旋型，叶片波浪起伏，呈不规则扭曲与旋卷，叶铜绿色，中脉红色，叶上带黄色斑点；细叶型，叶带状，宽只及叶长的1/10，极细长，叶色深绿，上有黄色斑点；阔叶型，叶片卵形或倒卵形，浓绿色，具鲜黄色斑点。

变叶木原产印度尼西亚的爪哇至澳大利亚。喜高温、湿润和阳光充足的环境，不耐寒。

变叶木不同色彩的叶片上还点缀有千变万化的斑点和斑纹，真可谓“赤橙黄绿青蓝紫，谁持彩练当空舞”，犹如在锦缎上洒满了金点，又好似在宣纸上随意泼洒了彩墨。因此，变叶木也常常被人们称作洒金榕。

其实，变叶木是一个园艺品种众多的大家庭，根据叶形和叶色不同而分，大概有120多个品种，常见的有“飞燕”“细黄卷”“织女绥”“鸿爪”“晨星”“柳叶”等品种。变叶木又特易于嫁接，可把不同叶形、不同叶色的多种变叶木嫁接在一株上，那定会是一株五彩缤纷、迥非异常、令人叫绝的观叶植物了。

人畜误食变叶木会出现腹痛、腹泻等中毒症状。变叶木的乳汁中含有激活EB病毒的物质，长时间接触有诱发鼻咽癌的可能。

红背桂花

红背桂花又叫青紫木、红背桂。叶近对生，具柄，纸质，矩圆形和倒披针状矩圆形，长7～12厘米，宽2～4厘米，先端长尖，基部钝或楔尖，两面秃净，上面绿色背面紫红色，边缘有小锯齿，叶柄长约5毫米。

穗状花序近顶生，雄花序长约1～2厘米，雌花序极短，有花数朵，萼片三角形倒卵状，花柱长，外弯而先端卷曲，紧贴于子房上，花期为夏季。

红背桂花原产于热带雨林中，喜温暖环境，又怕阳光曝晒，耐半阴。冬季室温应保持16℃以上，低于10℃就开始落叶，低于7℃嫩枝会受冻抽干，也怕暑热，当夏季气温超过32℃时生长停止，叶片也会发黄，春、秋两季生长最旺。红背桂花喜疏松肥沃的酸性腐殖土，不耐旱，忌涝，极不耐碱，要求通风良好的环境。

红背桂花具有医学疗效，可以通经活络、止痛。主治麻疹、腮腺炎、扁桃体炎、心绞痛、肾绞痛、腰肌劳损。但是，红背桂花也有致癌作用，在服用时一定要注意用量。

山乌桕

山乌桕为大戟科植物山乌桕的根，又名红乌桕、红叶乌桕、山柳乌桕。高达6～12米，叶椭圆状卵形，纸质，全缘，长3～10厘米，

宽2～5厘米，下面粉绿色；叶柄细长，顶端有腺体2。

山乌桕为花单性，雌雄同株，无花瓣及花盘；穗状花序顶生，长4～9厘米；雄花花萼杯状，顶端不整齐齿状裂，雄蕊2；雌花生在花序的近基部，萼片3，三角形；花柱3，基部合生。

春季嫩叶和秋季老叶红色，果实成熟时裂开，果皮脱落，种子常年挂在树上，为鸟类喜爱的食物。山乌桕常群植或片植，是优良的秋色植物和生态林树种。

山乌桕的根皮、树皮及叶可以入药。根皮、树皮全年可采，叶夏秋采，晒干。

山乌桕分布于广东、广西、云南、贵州、江西、浙江、福建及台湾。生于山坡或山谷林中。

山乌桕苦，寒。有小毒。该物种为中国植物图谱数据库收录的有毒植物，其毒性为种子有毒，可致癌。

乌　桕

乌桕可作乌臼、鸦臼，俗称木蜡树、桩仔、琼仔等。落叶乔木，高达15米，胸径60米。各部均无毛而具乳状汁液；树皮暗灰色，有纵裂纹；枝广展，具皮孔。叶互生，纸质，叶片菱形、菱状卵形或稀有菱状倒卵形，长3～8厘米，宽3～9厘米，顶端骤然紧缩具长短不等的尖头，基部阔楔形或钝，全缘；中脉两面微凸起，侧脉6～10对，纤细，斜上升，离缘2～5毫米弯拱网结，网状脉明显；叶柄纤细，长2.5～6厘米，顶端具2腺体；托叶顶端钝，长约1毫米。

乌桕花单性，雌雄同株，聚集成顶生、长6～12厘米的总状花序，雌花通常生于花序轴最下部或罕有在雌花下部亦有少数雄花着

生，雄花生于花序轴上部或有时整个花序全为雄花。雄花花梗纤细，长1～3毫米；雌花花梗粗壮，长3～3.5毫米。蒴果梨状球形，成熟时黑色，直径1～1.5厘米。种子扁球形，黑色，长约8毫米，宽6～7毫米，外被白色、蜡质的假种皮。花期4～8月。

乌桕一般产于我国秦岭、淮河流域以南，东至台湾，南至海南岛，西至四川中部海拔1000米以下，西南至贵州、云南等地海拔2000米以下，主要栽培区在长江流域以南浙江、湖北、四川、贵州、安徽、云南、江西、福建等省。

乌桕一般喜光，耐寒性不强，年平均温度15℃以上，年降雨量750毫米以上地区都可生长。乌桕对土壤适应性较强，沿河两岸冲积土、平原水稻土、低山丘陵粘质红壤、山地红黄壤都能生长。能耐短期积水，亦耐旱，含盐量在0.3％左右。

乌桕有小毒。该物种为中国植物图谱数据库收录的有毒植物，其木材、乳汁、叶及果实均有毒。中毒报道较多，食人中毒，出现腹痛、腹泻、腹鸣、头昏、四肢及口唇麻木、耳鸣、心慌、面色苍白、四肢厥冷等症状。接触乳汁可引起刺激、糜烂。此外，乌桕还有致癌作用。

油 桐

油桐又叫做油桐树、桐油树、桐子树、光桐、三年桐、罂子桐、中国木油树、虎子桐，大戟科。落叶乔木，高3～8米。叶互生，叶卵形，或宽卵形，长20～30厘米，宽4～15厘米，先端尖或渐尖，叶基心形，全缘或三浅裂。圆锥状聚伞花序顶生，花单性同株；花先叶开放，花瓣白，有淡红色条纹，5枚；雌蕊子房3～5室，每室1胚珠。核果球形，先端短尖，表面光滑。种子具厚壳状种皮。

油桐4～5月开花，果期7～10月；花后子房膨大，结球形核果，果顶端有短尖头；果内有种子3～5粒；种子具厚壳状种皮，宽卵形；种仁含油，高达70%，三年桐学名油桐，千年桐学名木油洞，油桐种子榨出的油叫桐油，木油桐种子榨出的油叫木油。桐油和木油色泽金黄或棕黄，都是优良的干性油，有光泽，不能食用，具有不透水、不透气、不传电、抗酸碱、防腐蚀、耐冷热等特点。广泛用于制漆、塑

料、电器、人造橡胶、人造皮革、人造汽油、油墨等制造业。

油桐为中国植物图谱数据库收录的有毒植物，全株有毒，种子毒性较大，树皮及树叶次之，新鲜的毒性较大。种子榨油后的油饼仍然有毒，比桐油毒性大。人食5～6粒种子即可中毒，症状先是腹痛，大吐大泻，然后头昏、口渴，以致虚脱等。山羊吃其叶，出现精神萎靡、腹泻、不食、流涎、便血等症状。有些尚有咳嗽、鼻漏，有些有神经症状。马中毒后不食、出汗、以及胃肠炎症，下痢、流涎、呼吸困难、心悸、全身抽搐、因心衰而死。在牧区幼树树丛放牧的牲畜吃后能引起死亡，牲畜吃修剪下来的枝条也是危险的。油桐还有致癌性，切不可误食油桐。

第五章　袖珍杂手——菌类

菌类和人类的关系极为密切，据推断，人类对菌类的利用

历史至少可以上溯3000多年。目前，已经有很多菌类广泛应用在工业和环境保护净化水质上。还有许多菌类可食用或医用，例如，利用酵母制面包和酿酒，从

霉菌中提取药物青霉素等，食用菌如木耳、冬菇等。但也有些菌类对人类是有一定的危害性的，如引起人和动植物致病，引起食物、衣物的腐烂霉变，甚至还会导致人类死亡。因此，我们在选择菌类的同时，一定不能随意采食。这些袖珍杀手会在我们稍不留神的时候成为我们致命的天敌。

本章将对这些大自然中的袖珍杀手进行一一介绍，希望读者能对其有大致的了解。

大鹿花菌

大鹿花菌，子实体较小至中等大，菌盖直径8.9～15厘米。呈不明显的马鞍形，稍平坦，微皱，黄褐色。菌柄长5～10厘米，粗1～2.5厘米，圆柱形，较盖色浅，平坦或表面稍粗糙，中空。

大鹿花菌在针叶林中地上靠近腐木单生或群生，分布于我国吉林、西藏等地区。

大鹿花菌可能有毒，毒性因人而异，不可食用。

赭红拟口蘑

赭红拟口蘑又称赭红口蘑，子实体中等或较大。菌盖有短绒毛组成的鳞片。浅砖红色或紫红色，甚至褐紫红色，往往中部浮色。菌盖直径4～15厘米。菌褶带黄色，弯生或近直生，密，不等长，褶缘锯齿状。菌肉白色带黄，中部厚。菌柄细长或者粗壮，长6～11厘米，粗0.7～3厘米，上部黄色下部稍暗具红褐色或紫红褐色小鳞片，内部松软后变空心，基部稍膨大。

夏秋季生于针叶树腐木上或腐树桩上，群生或成丛生长。分布于我国台湾、甘肃、陕西、广西、四

川、吉林、西藏、新疆等地区。

此菌有毒，误食此菌后，往往产生呕吐、腹痛、腹泻等胃肠炎病症。但也有人无中毒反应。

白毒鹅膏菌

白毒鹅膏菌，子实体中等大，纯白色。菌盖初期卵圆形，开伞后近平展，直径7～12厘米，表面光滑。菌肉白色。菌褶离生，梢密，不等长。菌柄细长圆柱形，长9～12厘米，粗2～2.5厘米，基部膨大呈球形，内部实心或松软，菌托肥厚近苞状或浅杯状，菌环生柄之上部。

夏秋季分散生长在林地上，分布于我国河北、吉林、江苏、福建、安徽、陕西、甘肃、湖北、湖南、山西、广西、广东、四川、云南、西藏等地。

此蘑菇极毒。毒素为毒肽和毒伞肽。中毒症状主要以肝损害型为主，死亡率很高。

毒鹅膏菌

毒鹅膏菌又称绿帽菌、鬼笔鹅膏、蒜叶菌、高把菌、毒伞，子实体一般中等大。菌盖表面光滑，边缘无条纹，菌盖初期近卵园形至钟形，开伞后近平展，表面灰褐绿色、烟灰褐色至暗绿灰色，往往有放射状内生条纹。菌肉白色。菌褶白色，离生，稍密，不等长。菌柄白色，细长，圆柱形，长5～18厘米，粗0.6～2厘米，表面光滑或稍有纤毛状鳞片及花纹，基部膨大成球形，内部松软至空心。菌托较大而厚，呈苞状，白色。菌环白色，生菌柄之上部。

夏秋季在阔叶林中地上单生或群生。

主要分布在南方的江苏、江西、湖北、安徽、福建、湖南、广东、广西、四川、贵州、云南等地区。

此菌极毒，据记载：幼小菌体毒性更大。该菌含有毒肽和毒伞肽两大类毒素。中毒后潜伏期长达24小时左右。发病初期，患者会恶心、呕吐、腹痛、腹泻，此后1～2天症状减轻，似乎病愈，患者也可以活动，但实际上毒素正进一步损害肝、肾、心脏、肺、大脑中枢神经系统。接着，患者病情很快恶化，开始出现呼吸困难、烦躁不安、谵语、面肌抽搐、小腿肌肉痉挛等症状。病情进一步加重后，会出现肝、肾细胞损害，黄胆，急性肝炎，肝肿大及肝萎缩，最后昏迷。死亡率高达50％以上，甚至100％。对此毒菌中毒，必须及时采取以解毒保肝为主的治疗措施。

毒蝇鹅膏菌

毒蝇鹅膏菌又称哈蟆菌、捕蝇菌、毒蝇菌、毒蝇伞，子实体较大。菌盖宽6～20厘米。边缘有明显的短条棱，表面鲜红色或桔红色，并有白色或稍带黄色的颗粒状鳞片。菌褶纯白色，密，离生，不等长。菌肉白色，靠近盖表皮处红色。菌柄较长，直立，纯白，长12～25厘米，粗1～2.5厘米，表面常有细小鳞片，基部膨大呈球形，并有数圈白色絮状颗粒组成的菌托。菌柄上部具有白色腊质菌环。

夏秋季在林中地上成群生长。

分布于我国黑龙江、吉林、四川、西藏、云南等地。

此蘑菇因可以毒杀苍蝇而得名。其毒素有毒蝇碱、毒蝇母、基斯卡松以及豹斑毒伞素等。误食后约6小时以内发病，产生剧烈恶心、呕吐、腹痛、腹泻及精神错乱、出汗、发冷、肌肉抽搐、脉搏减慢、呼吸困难或牙关紧闭、头晕眼花、神志不清等症状。

如果碰上疑似的中毒症状，一定要及时救

治。早期的治疗由胃消毒药剂组成。如果从吸收到被治疗的时间小于4小时，活性碳是适合的药剂。如果病人在摄取后1

小时以内症状就存在，灌胃治疗可以被采用。

该菌可药用，小剂量使用时有安眠作用。子实体的乙醇提物，对小白鼠肉瘤180有抑制作用。所含毒蝇碱等毒素对苍蝇等昆虫杀力很强，可用于森林业生物防治。

据记载，西伯利亚的通古斯人及雅库将人曾将其用作传统的节日食用菌。一般成人食一朵后便会产生如痴似醉的感觉，他们认为这是一种享受。印度用它作为魔术师的药剂。在一些国家的民间，此菌被作为一种安眠药物。我国东北地区，人们会将此毒菌破碎后拌入饭中用来毒死苍蝇，甚至毒死老鼠及其他有害动物。另外毒蝇伞表面的鳞片脱落后，往往与可食用的橙盖伞相似，采食时需注意区别。在德国民间，此菌常被浸入酒中，用以治风湿痛。

该菌含丙酸，可用于制造丙酸盐用作防腐剂、香料脂、人造果子香等。

大青褶伞

大青褶伞又称摩根小伞。子实体大，白色。菌盖直径5～25(30)厘米，半球形，扁半球形，后期近平展，中部稍凸起，幼时表皮暗褐色或浅褐色，逐渐裂为鳞片，顶部鳞片大而厚，呈褐紫色，边缘渐少或脱落，菌盖部菌肉白色或带浅、粉红色，松软。菌褶离生，宽，不等长，初期污白色，后期呈浅绿至青褐色，褶缘有粉粒。菌柄圆柱形，长10～28厘米，粗1～2.5厘米，纤维质，表面光滑，污白色至浅灰褐色，菌环以上光滑，环以下有白色纤毛，基部稍膨大，内部空心，菌柄菌肉伤处变褐色，干时有香气。菌环膜质，生柄之上部。夏秋季生林中或林缘草地上，群生或散生。夏秋季生于林中地上，群生或散生。一般分布于黑龙江、吉林、山西、江苏、云南、广东、香港、青海、新疆和西藏等地。

此菌普遍被认为有毒，不宜食用。其外形特征与高大环柄菇相似，明显区别是后者菌褶白色，可食用。

细褐鳞蘑菇

细褐鳞蘑菇又叫赭蘑菇，子实体中等至较大。菌盖直径5～10厘米，初期半球形，后期近平展，中部平或稍凸，表面污白色，具有带褐色、黑褐色纤毛状小鳞片，中部鳞片灰褐色，边缘有少量菌幕残物。菌肉白色，稍厚。菌褶初期灰白至粉红色，最后变黑褐色，较密，不等长，离生。菌柄圆柱形，长6～12厘米，粗0.81厘米，污白色，表面平滑或有白色的短细小纤毛，基部膨大，伤处变黄色，内部松软。菌环薄膜质，双层，生柄的上部，白色，上面有褶纹，下面有白色短纤毛。

夏秋季生林中地上。分布于河北、香港等。

该菌有毒，有很强的石碳酸气味，食用后引起呕吐或腹泻等中毒症状。此菌外形特征接近于双环林地蘑菇，但此种幼时菌盖顶部不呈四方形，菌盖鳞片细小。

毛头鬼伞

毛头鬼伞又称鸡腿蘑（河北、山西）、毛鬼伞，子实体较大。菌盖呈圆柱形，当开伞后很快边缘菌褶溶化成墨汁状液体。菌盖直径3～5厘米，高9～11厘米，表面褐色至浅褐色，随着菌盖长大而断裂成较大型鳞片。菌肉白色。菌柄白色，圆柱形，较细长，且向下渐粗，长7～25厘米，粗1～2厘米，光滑。

春至秋季在田野、林缘、道旁、公园内生长，雨季可甚至在毛屋顶上生长。此菌有时生长在栽培草菇的堆积物上，与草菇争养分，甚至抑制其菌丝的生长。

毛头鬼伞主要分布于我国黑龙江、吉林、河北、山西、内蒙古、甘肃、新疆、青海、西藏等地区。

该蘑菇一般可食用。但含有石碳酸等胃肠道刺激物，还含有腺嘌呤，胆碱，精胺，酪胺和色胺等多种生物碱以及甾醇脂等。食后可能引起中毒，与酒类如啤酒同吃容易引起中毒。

毛头鬼伞可人工栽培，不过因为成熟快，容易出现菌褶液化，必须掌握采摘时间。此外，还可以用菌丝体对其进行深层发酵培养。

半卵斑褶菇

半卵斑褶菇，子实体一般中等。菌盖直径一般4厘米，有时可达8厘米，近圆锥形、钟形至半球形，顶部有的略带土黄色，光滑而粘，有时龟裂。菌肉污白色。菌褶初期灰白，后期呈现灰黑相间的花斑，直生，稍密，长短不一。菌柄圆柱形，长10～25厘米，粗0.4～1.2厘米，白色至污白色，顶部有纵条纹，菌环以下渐增粗，内部松软变空心。菌环膜质生柄之中、上部。

夏秋季在草地林中空地牛、马粪上单生或群生。

分布于台湾、甘肃、陕西、新疆、青海、西藏、四川等地区，多见于高山牧场。此种在青藏高原的松潘地区草地多见，而在内蒙草原却未发现。

此菌有毒，中毒后可引起幻觉反应。

毒粉褶菌

毒粉褶菌又称土生红褶菌，子实体较大。菌盖一般污白色，直径可达20厘米，初期扁半球形，后期近平展，中部稍凸起，边缘波状，常开裂，表面有丝光，污白色至黄白色，有时带黄褐色。菌肉白色，稍厚。菌褶初期污白，老后粉或粉肉色，直生至近弯生，稍稀，边缘近波状，长短不一。菌柄白色至污白色，往往较粗壮，长9～11厘米，粗1.5～3.8厘米，上部有白粉末，表面具纵条纹，基部有时膨大。

夏秋季在混交林地往往大量成群或成丛生长，有时单个生长。主要分布于我国吉林、江苏、安徽、台湾、河南、河北、黑龙江等地区。

毒粉褶菌有毒，不可食。误食中毒后，潜伏期短的约半小时，有时长达6小时，发病后出现强烈恶心、呕吐，腹痛、腹泻、心跳减慢、呼吸困难、尿中带血等症状，往往近似含有毒伞肽的毒伞。抗癌试验表明，此菌对小白鼠肉瘤180的抑制率为100%，对艾氏癌的抑制率为100%。

此菌属树林外生菌根菌，可与栎、山毛榉、鹅卫枥等树木形成菌。

介味滑锈伞

介味滑锈伞的子实体一般中等大，菌盖表面光滑，粘，初期扁平球形，后期中部稍突起，深蛋壳色至深肉桂色，直径一般5～12厘米，边缘平滑。菌肉白色。菌褶浅锈色，稍密。菌柄柱形，长约10厘米，粗1～2厘米，污白色或带锈黄色。

夏秋季常生在针阔叶混交林中地上，单生或群生。

分布于吉林、云南、陕西、山西等地。

介味滑锈伞有强烈的芥菜气味，口尝有辣味。有毒，不宜食用。

粪锈伞

粪锈伞，子实体一般较小。菌盖近钟形，半膜质，表面粘，光滑，中部淡黄色或柠檬黄色，有皱纹，向边缘渐变为米黄色，直径2～4.5厘米，边缘有细长条棱，可接近顶部。菌肉很薄。菌褶近弯生，密或稍稀，窄，深肉桂色，褶沿色淡。菌柄细长，柱形，长5～10厘米，粗0.2～0.3厘米，质脆，有透明感，光滑或上部有白色细粉粒，污黄白色，空心，基部稍许膨大。

春至秋季在牲畜粪上或肥沃地上单生或群生。

分布于黑龙江、吉林、辽宁、河北、内蒙古、山西、四川、云南、江苏、湖南、青海、甘肃、陕西、西藏、福建、广东、新疆等地。

此菌可能有毒，不可食。

美丽粘草菇

美丽粘草菇的子实体中等大，白色，菌盖直径6～10厘米，初期近圆形，后期近平展。菌肉白色。菌褶白色变粉红色。菌柄细长，长6～15厘米，粗0.6～1.3厘米，圆柱形。菌托苞状而大。

夏秋季生林中地上，单生或群生。 分布于我国湖北、湖南、四川、吉林、新疆、香港等地。

此菌可能有毒，不可食用。

毛头乳菇

毛头乳菇又称疝疼乳菇，子实体中等。菌盖深蛋壳色至暗土黄色，具同心环纹，边缘白色长绒毛，乳汁白色，不变色，味苦。菌盖直径4～11厘米，扁半球形，中部下凹呈漏斗状，这缘内卷。菌肉白色。菌褶直生至延生，较密，白色，后期浅粉红色。

夏秋季在林中地上单生或散生。

分布于我国黑龙江、吉林、河北、山西、四川、广东、甘肃、青海、内蒙古、新疆、西藏等地区。

此种蘑菇有毒，含胃肠道刺激物。食后引起胃肠炎或产生四肢末端剧烈疼痛等病症。还有含毒蝇碱等毒素等的记载。但在苏联地区生长的可食用。子实体含橡胶物质。属外生菌根菌，与区、榛、桦、鹅耳枥等树木形成菌根。

臭黄菇

臭黄菇又称鸡屎菌（广西）、油辣菇（四川）、黄辣子、牛犊菌（广西）、牛马菇（福建）。

子实体中等大。菌盖土黄至浅黄褐色，表面粘至粘滑，边缘有小疣组成的明显的粗条棱。菌盖直径7～10厘米，扁半球形，平展后中部下凹，往往中部土褐色。菌肉污白色，质脆，具腥臭味，麻辣苦。菌褶污白至浅黄色，常有深色斑痕，长短一致或有少数短菌褶，弯生或近离生，较厚。菌柄较粗壮，圆柱形，长3～9厘米，粗1～2.5厘米，污白色至淡黄色，老后常出现深色斑痕，内部松软至空心。

夏秋季在松林或阔叶林地上群生或散生。

分布于我国河北、河南、山西、黑龙江、吉林、江苏、浙江、安徽、福建、湖南、广西、广东、四川、云南、甘肃、陕西、西藏等地区。

此菌在四川等地被群众晒干、煮洗后，可食用。但在不少地区往往食后中毒。主要表现为胃肠道病症，如恶心、呕吐、腹痛、腹泻、甚至精神错乱、昏睡、面部肌肉抽搐、牙关紧闭等症状。一般发病快，初期及时催吐可减轻病症。

臭黄菇可药用。制成“舒筋丸”可治腰腿疼痛、手足麻木、筋骨不适、四肢抽搐。对小白鼠肉瘤180和艾氏癌的抑制率均为70%。该菌子实体含有橡胶物质，可能利用此菌合成橡胶。属外生菌根菌，与榛、桦、山毛榉、栗、铁杉、冷杉等树木形成菌根。

白黄粘盖牛肝菌

黄白粘盖牛肝菌的子实体较小。菌盖直径1.5～9厘米，半球形，表面粘，白色，淡白色或带黄褐色，老后呈红褐色，幼时边缘有残留菌幕。菌肉白色，后渐变淡黄色。菌管直生或弯生，白色。管口小，近圆形。每毫米3～4个，有腺眼。柄长4～6厘米，粗0.8～1.5厘米，柱形，基部稍膨大，内实，初白色，后与菌盖同色，有腺眼。

夏秋季于松林中地上单生或群生。

分布于我国辽宁、吉林、云南、香港、辽宁、陕西、西藏、四川、广东等地。

食后往往引起腹泻，但经浸泡、煮沸淘洗后可食用。属外生菌根菌，与松等形成菌根。

粉红枝瑚菌

粉红枝瑚菌，又称珊瑚菌、扫帚菌、刷把菌（四川）、鸡爪菌、则梭校（西藏）、粉红丛枝菌。

子实体浅粉红色或肉粉色，由基部分出许多分枝，形似海中的珊瑚。子实体高达5～10厘米，宽5～10厘米，干燥后呈浅粉灰色。每个分枝又多次分叉，小枝顶端叉状或齿状。菌肉白色。

此菌多生于阔叶林中地上，一般成群丛生在一起。主要分布于我国黑龙江、吉林、河北、河南、甘肃、四川、西藏、安徽、云南、福建等地。

楼红枝瑚菌不宜采食，食后往往中毒，但经煮沸浸泡冲洗后可食用。中毒症状为比较严重的腹痛、腹泻等胃肠炎症状。对小白鼠肉瘤180的抑制率为80%，而对艾氏癌的抑制率为70%。

此菌与山毛榉等阔叶树木形成外生菌根。

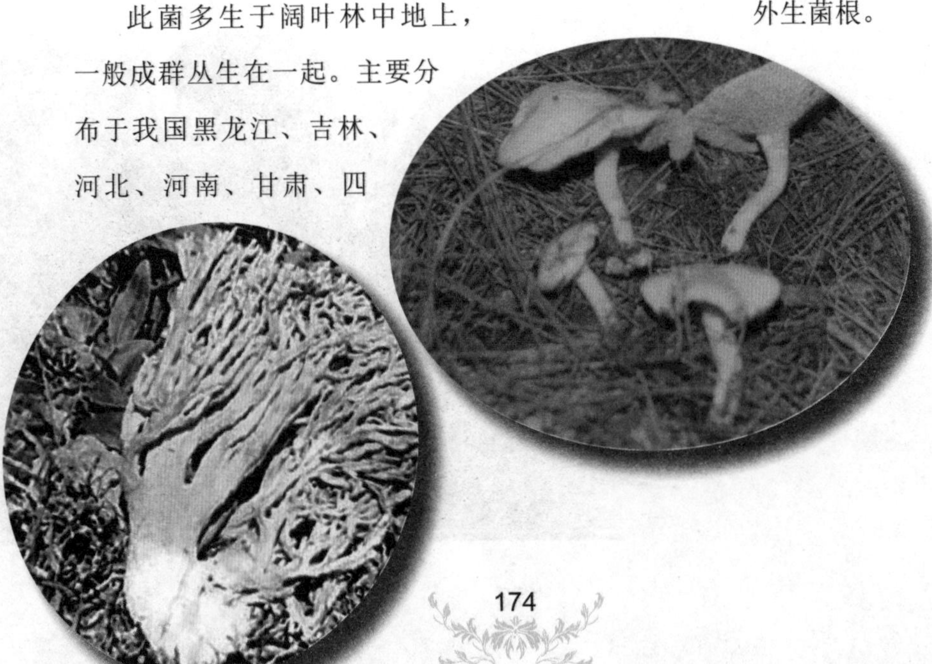

致命白毒伞

致命白毒伞在菌体幼时呈卵形，后菌盖展开成伞状，白色。菌盖直径4～7厘米，凸镜形至平展形，白色，但中部奶油色。菌肉白色。菌褶白色至近白色，较密。菌柄长7～9厘米，粗0.5～1厘米，近圆柱形或略向上收细，白至近白色，基部膨大，近球形。菌环生于菌柄顶部或近顶部，薄，膜质，白色，不活动或在菌盖张开时从菌柄撕离。菌托肥厚呈苞状。

致命白毒伞通常生活在黧蒴树的树荫下群生或散生，为菌根菌，大量发生于广东春季温暖多雨的3、4月，5～7月也有少量出现。一般分布在广州、清远、肇庆等地。

致命白毒伞具有巨毒，一个约50克

的白毒伞所含毒素量足以毒死一个50千克的成年人；其毒素主要为毒伞肽和毒肽类，在新鲜的蘑菇中其毒素含量甚高。这些毒素对人体肝、肾、血管内壁细胞及中枢神经系统的损害极为严重，致使人体内各功能衰竭而死亡，死亡率高达95%以上。

白毒伞的中毒潜伏期长达24小时，一般为8～10小时。误食大约一天后，会出现呕吐、腹泻等类似急性胃肠炎的症状，经过处理后，第二天这些症状会缓解，进入“假愈期”，但第三天就会进入肝损害期，病人转氨酶急剧升高，严重的出现肝衰竭，抢救成功机会非常微小。

第六章　有毒植物中毒及预防

食用含有毒性成分的植物后，会出现中毒的症状，这些症状是做出正确诊断的依据之一。但是由于年龄、体质、健康情况不同，食用毒性植物的数量、植物类别、中毒后发现的时间早晚等不同因素，中毒后表现出来的症状也有所不同。因此，植物中毒情况远比化学毒物中毒要复杂得多。

发生有毒植物中毒状况时，应尽早脱离接触，避免毒物经皮肤、消化道及呼吸道继续进入体内；同时应及早清除毒物，减少毒物吸收；对于出现症状者应积极对症及支持治疗；对于明确为何种毒物者应尽早使用特效解毒药物。

一般来说，发生中毒之后，最好是及时送往医院治疗，在医疗条件较差的地区，或是在医生到来之前，还可根据中毒的情况，采取一些简便的措施进行急救。

氰甙果仁中毒

含氰甙类的果仁有苦杏仁、桃仁、李子仁、枇杷仁、杨梅仁及亚麻仁等。

（1）中毒原因

食入含氰甙类的果仁后，其所含有的氰甙在口腔、食道、胃或肠中水解产生氢氰酸。氢氰酸经胃肠吸收后，使细胞的正常呼吸不能进行，因而组织缺氧，体内的二氧化碳和乳酸量增高，使机体陷入窒息状态。

（2）中毒表现

食入苦杏仁后多数在1～2小时内发病。主要为头晕、头痛、心悸、胸闷、呼吸困难、意识不清等缺氧表现。

（3）预防措施

①不吃苦杏仁、苦桃仁等果仁。

②如用苦杏仁加工咸菜、罐头、杏仁茶等食品时，必须采取反复用水浸泡、充分加热等措施，使其失去毒性。

棉籽油的游离棉酚中毒

（1）中毒原因

食用生棉籽直接榨取而又未经碱炼的粗制棉籽油，可引起棉酚中毒。棉籽中含游离棉酚0.15%～2.8%，生棉籽榨油时，大部分游离棉酚移到油中，油中含量可达1%～1.3%，棉籽中除游离棉酚外，还有棉酚紫和棉酚绿，均有毒性。

（2）中毒表现

①烧热病。多在夏季发生，日晒及疲劳常为发病诱因。

主要表现为无汗或少汗及难以忍受的皮肤烧灼感，多数病人自觉皮肤有如针刺感。

②低血钾软病。开始肢体无力、麻木、沉重，进而发展为四肢松弛瘫痪，一般下肢重于上肢，肢体的近端重于远端。有肌肉酸痛、膝腱反射减弱或消失，严重者呼吸肌麻痹死亡。

③不孕症。女性患者多有闭经与子宫萎缩，而导致不孕。男性可致睾丸萎缩、精子减少或无精子。

（3）预防措施

①停止生产、销售、食用粗制生棉籽油。

②加工棉紫油须将棉籽粉碎，蒸炒后再榨油，粗制油加碱精炼后，才能食用。

③厂家应定期化验棉籽油中的棉酚含量，符合卫生标准的出厂销售，不合格的加碱精炼，合格后才能出厂。

酸败油中毒

（1）中毒原因

食用油由于贮存不当，受到阳光、温度、水、金属容器及微

生物的作用，发生酸败。油酸败后产生酮、醛和某些羟酸等化合物，使酸败油脂带有特殊刺激的臭气，这些有毒物质强烈刺激胃肠道，引起中毒。

（2）中毒表现

进食后一般2～3小时发病，表现为胃肠道和神经系统症状及关节、全身酸痛，无力等。

（3）预防措施

①对食用油要做好保存，保存处温度要低，避免阳光直接照射，防止油中进水，防止油被污染和氧化。

②微量金属如铁、铜、锰、铅等能加速脂肪的酸败，

因而不应该使用金属容器存油。

③用食油加工后的方便面、饼干等食品，也应该注意保存，不要存放时间过长，防止发生酸败。

桐油中毒

（1）中毒原因

桐油系油桐树种子榨取的工业用油，其色、味与食用植物油近似，并由粮食部门经销，常因误食或容器污染引起中毒。

桐油对胃肠道有强烈的刺激作用，吸收后由肾脏排出，可损害肾、肝、心脏等脏器及神经等。

（2）中毒表现

进食后大多数在0.5～1小时内发病，主要表现为胃肠道症状，如肾脏损害者有蛋白尿、血尿。

（3）预防措施

①食用油与非食用油应分别存放，以免误食。

②储油容器也应严格分开，并有明显标志，以免混用。

毒蘑菇中毒

（1）中毒原因

我国的毒蘑菇有90余种。毒蘑菇品种不同所含毒素亦不同。主要毒素有胃肠毒素、神经精神毒素、血液毒素和原浆毒素等类型。

（2）中毒表现

①胃肠炎型。表现胃肠道症状。

②神经精神型。中毒者会发生谵语、幻觉等症状。

③溶血型。由于红细胞被破坏而出现黄疸、溶血性贫血、血红蛋白尿、肝脾肿大等溶血现象。

④中毒性肝炎型。以中毒性肝炎（肝区进行性疼痛、黄疸、低热、恶心、腹胀、出血等）表现为主。重者肝萎缩，全身广泛出血，昏迷，死亡。

（3）预防措施

①凡是识别不清或过去未曾食用的新蘑菇品种，必须经过有关部门鉴定，确认无毒后才能采集食用。

②收购加工蘑菇的部门对收购的蘑菇，尤其是杂蘑菇中的有毒蘑菇要进行认真挑选。

发芽马铃薯中毒

马铃薯，又叫土豆、山药蛋，是一种大众化食物，在全国各地均有大面积种植，是北方居民冬季主要蔬菜之一，它含有丰富的淀粉，营养价值高，深受人们的欢迎。成熟新鲜的马铃薯是无毒的，但是进食大量发芽的马铃薯或者青色发绿及未成熟的马铃薯，就会引起中毒。

（1）中毒的原因

马铃薯内含有一种叫龙葵素的毒素。每100克中含有龙葵素高达10毫克左右，人们吃后不会引起中毒。但当马铃薯发芽或者表皮变色，龙葵素的含量则明显曾多，每100克中含500毫克以上，是正常的50倍，龙葵素是一种弱碱性糖苷物质，食入后易引起中毒，龙葵素对人体黏膜具有腐蚀性及刺激性，对中枢系统有麻痹作用，能破坏血液中的红细胞，甚

至引起脑组织充血，水肿。人的中毒剂量为200～400毫克。

（2）中毒的表现

食用发芽和未成熟的马铃薯后，约在10分钟至2小时左右发病，中毒者先感到咽喉部及口腔烧灼和疼痛，接着出现恶心呕吐、腹痛、腹泻及全身麻木，喉咙急迫感，四肢无力，严重的发生双睑下垂、血压下降、心律失常、瞳孔散大、呼吸困难、昏迷，可因呼吸中枢麻痹和循环衰竭而死亡。

（3）预防措施

为避免发芽马铃薯中毒，存储马铃薯时应避免日光照射，防止马铃薯发芽。对长芽过多的或皮肉变绿的马铃薯，不准出售、食用，经常向群众宣传皮肉变色，发芽过多的马铃薯有毒，提高警惕性，长芽不多的可将发芽部分及临近变紫的部分彻底挖掉，浸入水中30分钟，煮熟时放醋，可加速毒素破坏。

食用菜豆角中毒

菜豆角又叫四季豆、刀豆、六月鲜、肉豆等，各地均有生产，是人们普遍食用的蔬菜。菜豆角味美可口，主要是在初夏季节上市，随着大棚的发展及季节蔬菜的种植，基本上一年四季都有，但是一些学校、工厂甚至家庭，常常发生吃豆角中毒现象，是什么原因呢？

（1）中毒的原因

在菜豆角中含有2种有毒的物质，第一种是豆素，豆素是一种毒蛋白，此种植物毒素具有凝血作用；另一种是皂素，皂素对黏膜有强烈的刺激性，并含有能破坏红细胞的溶血素。如果菜豆角放置24小时以上或更长，亚硝酸盐含量将大大增加，也是中毒的原因之一。

（2）中毒的表现

一般中毒发生在进食后1～5小时，快者数分钟，开始恶心，以后出现呕吐、腹痛、腹泻，接着就是头昏、头疼，部分病人是胸闷、心慌、出冷汗、手脚发麻、发烧等。病程一般1～2天，预后良好。轻度中毒可不必治疗，能自己康复，呕吐持续严重者可静滴葡萄糖盐水和维生素C，促进皂素排泄。

（3）预防措施

①食用嫩豆角，不要存储过久，不吃霉烂及病虫害的菜豆角。

②吃前摘去豆角的两端及夹丝，这东西含毒素最多。

③食用时使其熟透，以破坏其毒素，方可食用。